JN117179

建築鉄骨ロボット溶接
オペレータ技術検定試験
受験の手引

一般社団法人 日本溶接協会
「建築鉄骨ロボット溶接入門」編集委員会 編

産報出版

はじめに

溶接ロボット化の歴史として，1954年に米国で，「ロボット」が特許出願され，産業用ロボットの概念が登場し，1962年にアメリカでスポット溶接ロボットが実用化されたのが始まりである。

日本では1968年に溶接ロボットの国産化が始まり，翌年1969年にスポット溶接ロボットの量産が開始された。

1973年にはアーク溶接ロボットが実用化され，好景気による建設ラッシュで建築鉄骨の生産力アップが求められ，溶接技能者不足から，1990年頃に溶接ロボットの適用が急速に広まっていった。

1995年頃になるとバブル景気が弾けた影響で限られた仕事の中，溶接ロボットによって自動化とコストダウンが求められ，2000年頃になると短納期によるコストダウンと生産力アップが要求されつつ，建築鉄骨の溶接部には建築基準法の改正による品質要求が必須となり，品質の高い溶接ロボットと溶接知識を持ったロボット溶接オペレータが求められるようになった。

このような背景から，2000年に建築鉄骨に特化した建築鉄骨溶接ロボット型式認証制度がJARAS（一般社団法人 日本ロボット工業会規格）とWES（一般社団法人日本溶接協会規格）の共同で規格化され，建築鉄骨ロボット溶接オペレータ資格認証制度としてはWESで規格化された。

日本溶接協会ではWESに基づいた技術検定試験を2002年から実施し，初年度は62件の合格があり，年々合格者が増え，2024年2月1日時点では有資格者数1492人，有資格件数1890件のオペレータ資格の認証実績に至っている。また，オペレータ技術検定試験として，ここ数年は年間200名前後の新規受験があり，新規受験の合格率は90%～91%となっている。

この検定試験の基本級は，3ヵ月に1度の検定試験（午前中に講習会を受講し，昼に筆記試験，午後に口述試験）を実施して合格者を決めている。

これまで筆記試験の演習問題は，日本溶接協会のホームページにて公開していたが，この度，演習問題を再整備して改定を行い，さらに解説を付け加えて書籍化するに至った。

なお，建築鉄骨ロボット溶接オペレータには，溶接技能者と溶接管理技術者の中間程度の専門知識を保有しておくべきとの観点から演習問題を作成している。

また，今回の改定で演習問題は全て，4つの設問から，「不適当なものを1つ選ぶ」形式に統一し，設問選択でできる限り迷わない問題としている。

建築鉄骨ロボット溶接オペレータ各位には，この問題集を活用していただき，これからの溶接技術の向上に寄与していただければ幸いです。

2024年2月

一般社団法人日本溶接協会

建築鉄骨ロボット溶接オペレータ教育委員会

目　次

第1部　技術検定試験の受験概要

第2部　概説編

第3部 演習問題編

第4部 解答・解説編

第1部

技術検定試験の受験概要

第1部 技術検定試験の受験概要

1　はじめに

建築鉄骨ロボット溶接オペレータ資格は，溶接ロボットを用いて建築鉄骨の製作を行う者に対する資格であり，継手の部位，溶接姿勢，使用するエンドタブの種類の組合せにより，認証範囲が分かれています．この資格の認証を受けるための技術検定試験は，WES 8110「建築鉄骨ロボット溶接オペレータの技術検定における試験方法及び判定基準」および WES 8111「建築鉄骨ロボット溶接オペレータの資格認証基準」に則って実施されるものです。

なお，この資格者は，工場などで溶接管理技術者の管理の下に，建築鉄骨のロボット溶接作業に従事することが望まれます。

2　資格の種類と認証範囲

資格の種類は，継手の部位，溶接姿勢，使用するエンドタブの種類の組合せにより，**表1** に示す種別記号のとおり区分されています。また，種別記号における認証範囲は**表2** に示すとおりです。

3　受験資格

(1) 基本級の受験資格

以下の①から④をすべて満たすことが必要です。

① JIS Z3841/WES 8241 に基づく半自動溶接技能者の基本級資格（SA-2F，SA-3F，SN-2F，SN-3Fのいずれかの資格）を取得していること。

② 建築鉄骨の溶接に1年以上従事していること。

③「産業用ロボット安全衛生特別教育」(*)（80 W を超えた駆動電動機を有する

表1　資格の種類

級別	継手の区分	溶接姿勢	エンドタブの種類	ビード継目部の処理	種別記号
基本級	柱と梁フランジ(PP)	下向(F)	スチールタブ(S)		PP-FS
			代替タブ(F)		PP-FF
	角形鋼管と通しダイアフラム(SD)		なし(N)		SD-FN
	円形鋼管と通しダイアフラム(CD)		なし(N)		CD-FN
専門級	柱と梁フランジ(PP)	立向(V)	スチールタブ(S)		PP-VS
			代替タブ(F)		PP-VF
		横向(H)	スチールタブ(S)		PP-HS
			代替タブ(F)		PP-HF
	角形鋼管と角形鋼管(SS)	横向(H)	なし(N)	処理あり	SS-HA
				処理なし	SS-HN
	円形鋼管と円形鋼管(CC)		なし(N)	処理あり	CC-HA
				処理なし	CC-HN
	H形鋼とH形鋼(HH)		スチールタブ(S)		HH-HS
			代替タブ(F)		HH-HF
	溶接組立箱形断面柱と溶接組立箱形断面柱(BB)		コーナタブ(C)		BB-HC
			なし(N)		BB-HN

表2　資格認証の範囲

級別	種別記号	継手の区分	溶接姿勢	エンドタブの種類
基本級	PP-FS	H形鋼柱と梁フランジ	下向(F)	スチールタブ
	PP-FF	溶接組立箱形断面柱と梁フランジ 十字柱と梁フランジ H形鋼柱と通しダイアフラム 十字柱と通しダイアフラム 通しダイアフラムと梁フランジ		スチールタブ, 代替タブ
	SD-FN	角形鋼管柱と通しダイアフラム 角形鋼管柱と角形鋼管柱		なし
	CD-FN	円形鋼管柱と通しダイアフラム 円形鋼管柱と円形鋼管柱		なし
専門級	PP-VS	H形鋼柱と梁フランジ 溶接組立箱形断面柱と梁フランジ 十字柱と梁フランジ 通しダイアフラムと梁フランジ	立向(V)	スチールタブ
	PP-VF			スチールタブ, 代替タブ
	PP-HS		横向(H)	スチールタブ
	PP-HF			スチールタブ, 代替タブ
	SS-HA	角形鋼管柱と角形鋼管柱	横向(H)	なし
	SS-HN	角形鋼管柱と通しダイアフラム		
	CC-HA	円形鋼管柱と円形鋼管柱		なし
	CC-HN	円形鋼管柱と通しダイアフラム		
	HH-HS	H形鋼柱とH形鋼柱 H形鋼柱と通しダイアフラム		スチールタブ
	HH-HF			スチールタブ, 代替タブ
	BB-HC	溶接組立箱形断面柱と溶接組立箱形断面柱 溶接組立箱形断面柱と通しダイアフラム		コーナタブ
	BB-HN			なし

(注1) 資格の種別記号の中から単数または複数を選択して，受験申請することができる。
(注2) 角形鋼管と通しダイアフラム（SD）が認証されれば，円形鋼管と通しダイアフラム（CD）の経験がなくても認証できる。
(注3) 代替タブ（F）での認証を受けた場合は，同継手・同姿勢のスチールタブ（S）の経験がなくても認証される。
(注4) 上記いずれの場合も，資格種別の申請が必要（ロボットの型式認証書添付含む）である。なお，認証登録時には種別数合計の費用が必要となる。

産業用ロボット使用の場合）修了証を保有していること。

（* 労働安全衛生法第59条・同規則第36条に基づく講習）

④「建築鉄骨ロボット溶接オペレータ特別教育」の受講修了証を保有していること。

ただし，訓練または登録者の補助として基本級資格認証範囲（表2）のロボット溶接を100日以上行った経験のある者については，建築鉄骨ロボット溶接オペレータ特別教育受講は免除する。

(2) 専門級の受験資格

以下の①および②をすべて満たすことが必要です。

① 建築鉄骨ロボット溶接オペレータ資格の基本級（PP-FS，PP-FF，SD-FN，CD-FNのいずれかの資格種別）を取得していること。

② 資格を保有する基本級の資格種別のロボット溶接を100日以上行った経験のあること。

ただし，あらかじめ承認された「建築鉄骨ロボット溶接オペレータ専門級特別教育」を受講した者については，基本級との同時受験が可能です。

4　技術検定試験の種類

技術検定試験は，基本級と専門級で下記の内容で行います。

(1) 基本級

講習会の後，筆記試験Ⅰおよび口述試験を日本語で行う。ただし，受験者が日本語による口述試験を受験できないと建築鉄骨ロボット溶接オペレータ評価委員会（以下，評価委員会）が認めた場合は，口述試験に代えて筆記試験Ⅱおよびロボット溶接実技試験Ⅱを行う。この場合の筆記試験Ⅰおよび筆記試験Ⅱは，評価委員会が認めた言語で行うものとする。

(2) 専門級

講習会の後，日本語による口述試験およびロボット溶接実技試験Ⅰを行う。ただし，受験者が日本語による口述試験を受験できないと評価委員会が認めた場合は，口述試験に代えて筆記試験Ⅱおよびロボット溶接実技試験Ⅱを行う。この場合の筆記試験Ⅱは，評価委員会が認めた言語で行うものとする。

なお，JIS Z 3841/WES 8241に基づく半自動溶接技能者の専門級の資格を現有している場合は，ロボット溶接実技試験Ⅰを免除する。

また，特例事項が付加されて型式認証された溶接ロボットを適用する場合は，半自動溶接技能者の専門級資格の有無に係わらず，ロボット溶接実技試験Ⅰを行う。この場合のロボット溶接実技試験は，ロボット溶接オペレータが，溶接ロボットでは対応できない場合について補える技量をもっていることを確認するものである。

5　試験項目

筆記試験Ⅰ，筆記試験Ⅱ，ロボット溶接実技試験Ⅰおよびロボット溶接実技試験Ⅱの主な試験項目は下記のとおりです。

(1) 筆記試験Ⅰ

a) 溶接ロボットについて

b) 建築鉄骨溶接ロボット型式認証およびロボット溶接オペレータ技術検定

c) 建築で使用される主な鋼材と溶接材料について

d) 建築鉄骨製作の流れ

e) ロボット溶接オペレータの果たすべき役割と建築鉄骨ロボット溶接の特徴

f) 各種点検

g) トラブル対応，溶接不完全部(溶接欠陥)とその対策

h) 建築鉄骨ロボット溶接における安全作業について

(2) 筆記試験Ⅱ

a) オペレータの役割

b) 建築鉄骨溶接

c) ロボット溶接

d) 溶接ロボット型式認証範囲

e) 入熱・パス間温度

f) 問題発生時の対応

g) 品質管理

(3) 口述試験

口述試験では，下記に示すようなが質問がある。

a) ロボット溶接オペレータの役割
b) ロボット溶接の長所，短所
c) 溶接ロボット型式認証書
d) 入熱・パス間温度
e) 不良などが発生したときの対処
f) その他

(4) ロボット溶接実技試験Ⅰ

受験する資格種別に応じた試験材料の溶接による。

(5) ロボット溶接実技試験Ⅱ

受験する資格種別に応じた試験材料の溶接による。

ただし，ロボット溶接実技試験Ⅱは筆記試験Ⅱを補完するために行うものであって，ロボット溶接におけるオペレータの役割を理解しているか否かを評価することが目的です。

(6) 追試験

技術検定試験において，筆記試験及び/又は口述試験が不合格となった場合は，次回以降2年以内に追試験を受けることができます。ただし，追試験の受験は1回限りです。

6　適格性証明書

(1) 技術検定試験に合格し，資格登録のための所定の手続きを行った者には，適格性証明書（資格の証明書）が交付されます。適格性証明書の有効期間は交付日から2年です。

(2) 資格登録のための手続きは，指示された期間内（合否通知書によって指示される）に行います。この手続きを行わないと適格性証明書は交付されません。

7　資格および適格性証明書の有効期間

(1) 資格および適格性証明書の有効期間を延長したい場合は，有効期間の終了する前3ヵ月以内にサーベイランス（引き続いてロボット溶接業務に従事していることを業務従事証明書によって確認する）を受けなければなりません。

(2) サーベイランスの結果が良好な場合は，資格および適格性証明書の有効期間が2年間延長されます。ただし，このサーベイランスによる資格および適格性証明書の有効期間延長は2回が限度です。

8　資格の再評価

(1) 資格の登録からサーベイランスを2回受けて，さらに資格を継続したい場合は，資格の再評価を受けなければなりません。

(2) 再評価試験は，新規受験と同様な試験科目により評価されます。

(3) 再評価の試験に合格した場合は新たに資格認証登録を行うので，資格認証登録手続きが必要になります。なお,再評価の試験に合格した場合の資格および適格性証明書の有効期間は，現在所有している資格および適格性証明書の有効期間が終了する翌日から2年間です。

(4) 再評価試験は，資格および適格性証明書の有効期限を迎える5ヵ月前または2ヵ月前の再評価試験のいずれかを受験しなければなりません。再評価の試験に合格した場合.現有の適格性証明書の有効期間に連続して認証されます。

9　受験の手続き

(1) 技術検定試験は年4回(原則として6月，9月，12月，翌年3月の第1週の土曜日または日曜日)あり，それぞれ1ヵ月前までに所定の受験申請手続きをします(詳細は日本溶接協会のホームページを参照下さい)。

(2) 技術試験の会場は，東京，大阪，福岡，札幌等を計画し，毎年3月以降に日本溶接協会ホームページで公表します。

(3) ロボット溶接実技試験を行う場合には，原則として受験者の所属する工場で行うものとし，受験者と調整の上，試験日程および受験料金などを設定します。

(4) なお，試験結果(合否判定結果)については，受験者が所属する工場(会社)の担当社宛に，書面により通知します。

10　新規受験申込書の作成上の注意事項

10.1　全般

(1) 申請しようとする資格種別は，申込書の申請種別欄の該当種別に○を付けて下さい。ただし，現在使用している溶接ロボットが，認証を得ようとする継手部位・姿勢・エンドタブの組合せによる型式認証を得ていることが必要です。

(2) 申込書の2ページ目の「受講者の職務経歴証明書」には，申請しようとする資格種別でのロボット操作経験の記入とその証明（所属長のサイン）が必要です。

(3) 申込書の1ページ目と2ページ目に申請日の日付（年月日）の記入，受験者の押印がそれぞれありますので，漏れがないようにして下さい。

10.2　職務経歴証明書

(1)職務経歴として記入できるのは，安全教育（産業用ロボット安全衛生特別教育）修了後から申請日までで，かつ，申請日前3年に限ります。

(2)期間欄の日付（月）は，各行で重複しないこと。

<誤>

期　間 （産業用ロボット特別教育修了後から記入）	種別記号 (継手区分・姿勢・タブの種類)	対象工事名称	柱梁接合部形式 柱断面	ﾛﾎﾞｯﾄ操作日数(訓練・補助を含む)
(自) 西暦 2022 年 1 月 (至) 西暦 2022 年 3 月	SD-FN	**************	梁貫通・柱貫通 H・T・十字・□・○	50
(自) 西暦 2022 年 2 月 (至) 西暦 2022 年 6 月	CD-FN	++++++++++++	梁貫通・柱貫通 H・T・十字・□・○	60

<正>

期　間 （産業用ロボット特別教育修了後から記入）	種別記号 (継手区分・姿勢・タブの種類)	対象工事名称	柱梁接合部形式 柱断面	ﾛﾎﾞｯﾄ操作日数(訓練・補助を含む)
(自) 西暦 2022 年 1 月 (至) 西暦 2022 年 3 月	SD-FN	**************	梁貫通・柱貫通 H・T・十字・□・○	50
(自) 西暦 2022 年 4 月 (至) 西暦 2022 年 6 月	CD-FN	++++++++++++	梁貫通・柱貫通 H・T・十字・□・○	60

(3)同一日に複数の工事または複数の資格種別（SD-FN，CD-FNなど）の操作を行っている場合は，いずれか1つの工事または資格種別についてのみ，1日としてカウントできます。（ある期間の経歴を記入した場合は，別の工事

の経歴があっても，同じ期間の経歴を記入することはできません。）

(4) また，複数機種で申請する場合，各々の機種の職務経歴書に，同じ期間の経歴を記入することはできません。

(5) ロボット操作日数は週休1日以上として，期間内の日数を超えないように記入して下さい。

(6) 職務経歴書の証明は，所属する部門の長が行って下さい。なお，申込書2ページ目には証明した，会社名，所属，肩書，所属長の氏名，会社印の押印が必要になります。

10.3　添付書類

下記①～⑤のコピーを受験申込書に添付して，提出して下さい。

① JIS Z 3841/WES 8241 半自動溶接適格性証明書（基本級）

② 適用する溶接ロボットの型式認証書〔（一社）日本ロボット工業会発行のもので，受験申請する種別と同じ種別の型式認証書。合否決定時において有効期限内であること。〕の付属書を含むコピー

③ 産業用ロボット安全衛生特別教育の修了証のコピー

④ 受験料の銀行振込控のコピー

⑤ 建築鉄骨ロボット溶接オペレータ特別教育の修了証（日本溶接協会発行）のコピー（100日以上の操作経験を有し，職務経歴証明書に記載のある者は除く）

10.4　写真の規定

写真は，過去6ヵ月以内に撮影したもので，脱帽，上半身，タテ長さ3.5cm，ヨコ長さ3.0cmの大きさとし，裏面に氏名を記入してから枠内に貼り付けて下さい。

10.5　受験申込書の記入例

受験申込書の記入例を次項に示す。なお，申請する種別記号に○を付け忘れる申請書や受験者印および会社印の押印がない職務経歴書が多くありますので，確認してから申込書を提出して下さい。

建築鉄骨ロボット溶接オペレータ技術検定試験受験申込書
＜ 新 規（ 基本級・専門級 ）・ 追 試（ 学科・口述 ）＞
（上記（ ）内の該当するものを○で囲んで下さい。）

写真貼付
脱帽、上半身で
最近6ケ月以内
に撮影したもの
タテ　3.5cm
ヨコ　3.0cm
（全面のり付け）

（注1）受験者本人が内容を確認し，押印（＊1の箇所）して下さい。
（注2）申請内容に従って評価します。申請内容が事実と相違していた場合は，口述試験の取り止め又は不合格とする場合があります。

西暦　2023　年 10　月 15　日

一般社団法人　日本溶接協会
建築鉄骨ロボット溶接オペレータ評価委員会　殿

記入例

フリガナ	ヨウセツ	テツオ		管理番号
受験者氏名	（姓）溶接	（名）鉄夫　印 ＊1		
生年月日	西暦　2000　年　01　月　01　日　生			
フリガナ	トウキョウケンチクテッコツセイサクショ	所属部課	製造部	
勤務先名	東京建築鉄骨製作所（株）			
同上所在地	〒 101-0025 東京都千代田区神田佐久間町0-0-1	Tel./Fax.	(Tel)　03-1111-2222 (Fax)　03-1122-2211	
連絡先	氏名　溶接　鉄子	所属部課	管理部	

希望する試験日のコードNo.を○で囲んでください。⇒	ｺｰﾄﾞNo.	試験日	試験会場
	GK149	2023年11月04日（土）	北海道
	GK150	2023年11月11日（土）	富山
	GK151	2023年12月02日（土）	大阪
	(GK152)	2023年12月09日（土）	東京

申請する種別記号の番号を○で囲んで下さい。( )内はロボット型式認証記号の下7桁を記入して下さい。〔型式認証書（附属書含む）のｺﾋﾟｰを添付下さい。〕⇒			
基本級	(01). PP-FS（ PPFS066 ）	(02). PP-FF（ PPFF058 ）
	(03). SD-FN（ SDFN068 ）	(04). CD-FN（ CDFN069 ）
専門級	05. PP-HS（ ）	06. PP-HF（ ）
	07. PP-VS（ ）	08. PP-VF（ ）
	09. SS-HA（ ）	10. CC-HN（ ）
	11. HH-HS（ ）	12. HH-HF（ ）
	13. BB-HC（ ）	14. BB-HN（ ）

ロボットメーカ	㈱ ロボット産業	ロボット機種	コラムロボシステムⅢ

現有の資格 JIS Z 3841 基本級・専門級	種類記号（適格性証明書のコピーを添付下さい）					
	基本級	SA-3F				
	専門級	SA-3V	SA-3H			

建築鉄骨ﾛﾎﾞｯﾄ溶接ｵﾍﾟﾚｰﾀ特別教育（右記に日付を記入）又は、ﾛﾎﾞｯﾄ操作日数100日以上（別紙、経歴の注記5）	特別教育の受講年月日	西暦　年　月　日

2020.03.19

申込書1ページ目

受験者の職務経歴証明書（新規、追試）

1．建築鉄骨の溶接従事の確認

受験者氏名	溶接　鉄夫　㊞印 *1	生年月日	西暦 2000 年 01 月 01 日
申請時以前の建築鉄骨の溶接経験期間 *2		西暦 2021 年 01月 ～ 2023 年 10 月	
上記期間中に経験した主な溶接業務（記入例：半自動溶接など）		半自動溶接	

2．建築鉄骨ﾛﾎﾞｯﾄ溶接の経歴（申請する機種について記入する）

産業用ロボット安全衛生特別教育 *3 の受講日	西暦 2021 年 08 月 03 日

ロボットメーカ	㈱ロボット産業	ロボット機種	コラムロボシステムⅢ

期間（産業用ロボット特別教育修了後から記入）	種別記号（継手区分・姿勢・タブの種類）	対象工事名称	柱梁接合部形式*4 / 柱断面 *4	ﾛﾎﾞｯﾄ操作日数(訓練・補助を含む)
(自) 西暦 2021年 09月 (至) 西暦 2021年 12月	PP-FF	(仮称) ○●ビル新築工事	梁貫通・(柱貫通) (H)・T・十字・□・○	75
(自) 西暦 2022年 01月 (至) 西暦 2022年 03月	SD-FN	東京○○プラザ新築工事	(梁貫通)・柱貫通 H・T・十字・(□)・○	45
(自) 西暦　年　月 (至) 西暦　年　月	記入例		梁貫通・柱貫通 H・T・十字・□・○	
(自) 西暦　年　月 (至) 西暦　年　月			梁貫通・柱貫通 H・T・十字・□・○	
(自) 西暦　年　月 (至) 西暦　年　月			梁貫通・柱貫通 H・T・十字・□・○	
(自) 西暦　年　月 (至) 西暦　年　月			梁貫通・柱貫通 H・T・十字・□・○	
(自) 西暦　年　月 (至) 西暦　年　月			梁貫通・柱貫通 H・T・十字・□・○	
			ﾛﾎﾞｯﾄ操作日数の合計 *5→	120

［注記］*1：受験者本人が内容を確認して押印して下さい。
*2：1年以上の経験が受験資格になります。
*3：労働安全衛生法第59条、労働安全衛生規則第36条による。
*4：柱梁接合部形式、柱断面欄には、代表的な製作対象を○で囲んで下さい。
*5：新規については100日以上のロボット操作(訓練・登録者の補助)が必要です。操作期間は，産業用ロボット安全衛生特別教育修了後から申請日までで，かつ，申請日前3年に限ります。
なお，複数機種を同時に申請する場合も，機種ごとに100日以上が必要です。
なお，100日未満の場合、建築鉄骨ロボット溶接オペレータ特別教育の受講が必要です。

上記の記載内容に相違ないことを証明いたします。

会　社　名：東京建築鉄骨製作所（株）
所属・肩書：製造部 部長
所属長の氏名：△△△ △△△　㊞

2020. 03. 19

申込書2ページ目

第2部

概説編

第1章

溶接ロボット

1.1　溶接ロボット

産業用ロボットは，人間の替わりに各種の作業をする機械装置として，組立，溶接，マテリアルハンドリングなど，多くの用途で活用されている。日本産業規格 JIS B0134：2015にて，「自動制御され，再プログラム可能で，多目的なマニピュレータ（マニプレータともいう）であり，3軸以上でプログラム可能で，1ヵ所に固定してまたは移動機能をもって，産業自動化の用途に用いられるロボット。」と産業用ロボットを定義している。また，労働安全衛生規則第36条の第三十一号では，マニプレータおよび記憶装置（可変シーケンス制御装置および固定シーケンス制御装置を含む。）を有し，記憶装置の情報に基づきマニプレータの伸縮，屈伸，上下移動，左右移動もしくは旋回の動作またはこれらの複合動作を自動的に行うことができる機械と定義されている。ロボットの種類には，垂直多関節ロボット，水平多関節ロボット，直角座標ロボット，円筒座標ロボットなどがあるが，溶接分野では垂直多関節ロボットが多く用いられている。

溶接分野での用途は，アーク溶接，スポット溶接，ガス溶接，レーザ溶接に大別されるが，その多くがアーク溶接とスポット溶接を行うものであり，自動車，自動2輪車，鉄道車両，建設機械，船舶，橋梁，圧力容器，鉄塔，建築鉄骨など溶接を必要とする種々の産業分野において数多く溶接ロボットが導入されている。建築鉄骨分野においては，工場内溶接を中心に多くの溶接ロボットが導入されており，現場溶接においても導入が進みつつある。（**写真1.1**，**写真1.2**）

産業用ロボットの作業を行うためには，労働安全衛生規則第36条の第三十一号で定められた業務として，これに関わる従業員に対して労働安全衛生法第59条第3項に規定された「特別教育」を受講させることが事業主に対して

義務付けられている。(**表1.1**)

さらに，建築鉄骨のロボット溶接においては，溶接ロボットを用いて施工した製品(鉄骨)品質の信頼性を高めることと溶接ロボットのさらなる普及による社会への貢献に向け，(一社) 日本溶接協会が「建築鉄骨ロボット溶接オペレータ」の資格認証制度を，また，(一社)日本ロボット工業会との共同規格として，「建築鉄骨溶接ロボット」の型式認証制度を実施している。

写真1.1　工場溶接用各種溶接ロボットの例

写真1.2　現場溶接用溶接ロボットの例

表1.1　特別教育に関する関係法令(抜粋)

労働安全衛生法 第59条 第3項	事業者は，危険又は有害な業務で，厚生労働省令で定めるものに労働者をつかせるときは，厚生労働省令で定めるところにより，当該業務に関する安全又は衛生のための特別の教育を行なわなければならない。
労働安全衛生規則 第36条第三号	アーク溶接機を用いて行う金属の溶接，溶断等（以下「アーク溶接等」という。）の業務
労働安全衛生規則 第36条第三十一号	マニプレータ及び記憶装置（可変シーケンス制御装置及び固定シーケンス制御装置を含む。以下この号において同じ。）を有し，記憶装置の情報に基づきマニプレータの伸縮，屈伸，上下移動，左右移動若しくは旋回の動作又はこれらの複合動作を自動的に行うことができる機械（研究開発中のものその他厚生労働大臣が定めるものを除く。以下「産業用ロボット」という。）の可動範囲（記憶装置の情報に基づきマニプレータその他の産業用ロボットの各部の動くことができる最大の範囲をいう。以下同じ。）内において当該産業用ロボットについて行うマニプレータの動作の順序，位置若しくは速度の設定，変更若しくは確認（以下「教示等」という。）（産業用ロボットの駆動源を遮断して行うものを除く。以下この号において同じ。）又は産業用ロボットの可動範囲内において当該産業用ロボットについて教示等を行う労働者と共同して当該産業用ロボットの可動範囲外において行う当該教示等に係る機器の操作の業務

1.2　溶接ロボットの導入意義と目的

溶接ロボットの最大の特徴は決められた動作や溶接を決まった通りに繰返し行うことができることであり，量産製品に対してその効果は非常に大きい。また，繰返し動作においてもワイヤタッチセンサをはじめとした各種センサ技術の活用により被溶接部材の切断や組立て精度および段取りなどで生じる諸々の誤差への適用性を高めている。さらに多品種少量の製品に対しても，シミュレーションで教示が行えるソフトウェアなどを用いることでロボットの稼働率を高める取組みが進められている。

溶接継手の機械的性能については，溶接ワイヤ，入熱，溶接金属の冷却速度などに依存するものであり，同じ溶接施工条件を適用している場合には，単にロボット溶接や自動溶接に置き換えることだけで溶接継手の強度やじん性が向上することはなく，ロボットの稼働時間やアーク発生率を高めることで生産能力を高めること，溶接品質を安定させること，また，それらによる生産計画の安定・向上などが主な導入効果となる。ただし，ロボット溶接の場合には溶接ワイヤの突出し長さや溶接速度の安定性が作業者の技量レベルに依存しないことから，実際の溶接においては機械的性能の安定とばらつきの低減も期待される。また，新しい技術としては，同じ溶着速度においても溶接の電流波形制御とパルス溶接を応用した新たな溶接プロセスなどにより高能率で低入熱な溶接が行えるようなものも開発されており，ロボット溶接ならではの高能率化も進みつつある。

また，作業環境の面において，溶接金属部からの輻射熱，アーク光・溶接ヒュームなどへの防護策を必要とするなど，過酷な環境下で行う必要があるが，ロボット溶接を適用することにより，作業者が溶接作業を直接行わなくなるため，作業者のばく露を低減できることも，ロボット溶接化の重要な役割であり，重要な効果となっている。[1)]

1.3　建築鉄骨向け溶接ロボット

建築鉄骨分野でも，構造物の大型化，厚板化による溶接施工の高能率化，省人化および安定した溶接品質の確保に向け，多くの溶接ロボットもしくはそれを含む溶接装置が導入されている。建築鉄骨の溶接構造物および溶接継手は，構造物の使途やその実現に向けた設計者の意図により形状は様々で，いわゆる多品種少量生産となるが，ロボットの教示作業を必要としない専用のソフトウェアなどの開発により1990年前後からその導入が進んだ。

建築鉄骨に限ったことではないが，実際の溶接対象継手では，材料の切断誤差，溶接継手の組立て誤差あるいは溶接中に生じる歪や変形などが生じるため，各種センサ技術の活用が実用する上で非常に重要となる。アーク溶接で広く用いられているセンサは，ワイヤタッチセンサ，アークセンサ，およびレーザ光を用いたセンサなどがある。ワイヤタッチセンサは，溶接ワイヤとワーク間にセンシング用の電圧を印加し，溶接ワイヤがワークに接触したときに生じる電圧降下を利用することでワーク位置や開先位置を検出し，教示プログラムの位置修正を行う機能です。また，アークセンサは溶接中のワイヤ突出し長さの変動によって生じる溶接電流またはアーク電圧の変化を利用して溶接トーチの位置情報を得る。これらはいずれも特別な検出機器を必要としないため，これを応用したセンシング機能も数多く用いられている。

ただし，溶接ロボットの特徴やセンシング機能を適切に活用するためには，溶接ロボットもしくはそれを含む溶接装置が正しく調整されていることが前提である。日々のメンテナンスで正常な状態であることを確認・是正することが大切であり，加えて，定期的もしくは状況に応じた製造メーカなどの専門家によるメンテナンスを実施することも溶接ロボットを有効に活用するために必要となる。

安全衛生面においては，使用するロボットの仕様およびリスクアセスメントに基づき，必要に応じて人とロボットの接触防止柵を設置するなど法令に基づいた措置を講じることは言うまでもない。なお，現在販売されている建築鉄骨向け溶接ロボットについては，小型可搬型タイプを除き，事業者であるファブリケータは，設備の外周に柵または囲いなどを設けることが求められている。これについては第8章にて詳しく述べる。

[参考文献]

1）厚生労働省：「アーク溶接作業における粉じん対策」

第２章
建築鉄骨溶接ロボット型式認証・ロボット溶接オペレータ資格認証

2.1　建築鉄骨溶接ロボットに関する２つの認証制度

建築鉄骨に用いる溶接ロボットに関して，**表2.1** に示すように，建築鉄骨溶接ロボットの型式認証と建築鉄骨ロボット溶接オペレータの資格認証の２つの制度があり，これらの２つの認証制度が揃って初めて建築鉄骨の溶接ロボットによる溶接部の品質が確保できるという考えに基づいている。

表2.1　建築鉄骨溶接ロボットに関する2つの認証制度

認証制度	適用規格	認証書発行機関
建築鉄骨溶接ロボット型式認証	（一社）日本溶接協会と（一社）日本ロボット工業会の共同規格 ・建築鉄骨溶接ロボットの型式認証基準（WES 8704／JARAS 1013） ・建築鉄骨溶接ロボットの型式認証における試験方法及び判定基準（WES 8703／JARAS 1012）	（一社）日本ロボット工業会
建築鉄骨ロボット溶接オペレータ資格認証	（一社）日本溶接協会規格 ・建築鉄骨ロボット溶接オペレータの資格認証基準（WES 8111） ・建築鉄骨ロボット溶接オペレータの技術検定における試験方法及び判定基準（WES 8110）	（一社）日本溶接協会

2.2　建築鉄骨溶接ロボット型式認証

製造者から申請のあった建築鉄骨溶接ロボットのメーカ仕様に対して，(一社) ロボット工業会に設置された建築鉄骨溶接ロボット認証委員会 (使用者，製造者，中立者の三者構成) が，規格に従って種々の試験などを行い，ロボットの型式(溶接基本仕様)の適合性に関する認証を行っている。認証されたロボット本体には，**図2.1** に示すように認証の証として認証シールが貼られる。

図2.1　認証シール

2.2.1　認証範囲

表2.2 に示す認証項目の組合せ，および認証範囲・種類で認証される。**図2.2** に認証書，および**図2.3** に認証書付属書の例を示す。認証書には，製品機種名，申請者，認証記号，認証範囲などが記載されている。また，認証書付属書には認証試験時の板厚の溶接条件データに基づいた溶接施工条件範囲，および認証試験時データから想定された溶接施工条件範囲が板厚ごとに記載されている。

表2.2　建築鉄骨溶接ロボットの型式認証項目と認証範囲・種類

	認証項目	認証範囲・種類
1	継手の部位	①柱と梁フランジ継手（PP） ②角形鋼管と通しダイアフラム継手（SD） ③円形鋼管と通しダイアフラム継手（CD） ④通しダイアフラムと梁フランジ継手（DP） ⑤溶接組立箱形断面柱と溶接組立箱形断面柱継手（BB） ⑥角形鋼管柱と角形鋼管柱継手（SS） ⑦円形鋼管柱と円形鋼管柱継手（CC） ⑧H形柱とH形柱継手（HH）
2	溶接姿勢	①下向　②横向　③立向
3	鋼材	① 490N/mm^2 級　② 400N/mm^2 級
4	板厚	下限板厚～上限板厚
5	ルート間隔	ルート間隔の下限～上限
6	開先角度	申請開先角度
7	溶接ワイヤ	規格および径
8	シールドガス	①CO_2　②混合ガス（Ar－CO_2以外は，申請時に承認を受けること）
9	エンドタブ	①スチールタブ　②代替タブ
10	溶接条件 積層方法	申請による溶接条件，積層方法，溶接入熱，パス間温度

上表に標記していない認証範囲は，次による。

a）柱と梁フランジ継手（PP）の認証により，柱（角形鋼管，円形鋼管を除くH形，十字，T字，溶接組立箱形断面）と通しダイアフラム継手も含まれる。
なお，柱には，コア部も含む。

b）上記以外の鋼材は，個別に申請し合格すれば，その鋼材は認証される。

c）板厚12mmで合格すれば，板厚9mm（下限）まで認証される。
板厚32mmで合格すれば，板厚40mm（上限）まで認証される。
40mmを超える板厚tは，個別に申請し，承認のもとに受験して認証されれば，その板厚3/4t ≦ t ≦ 5/4tまで認証される。

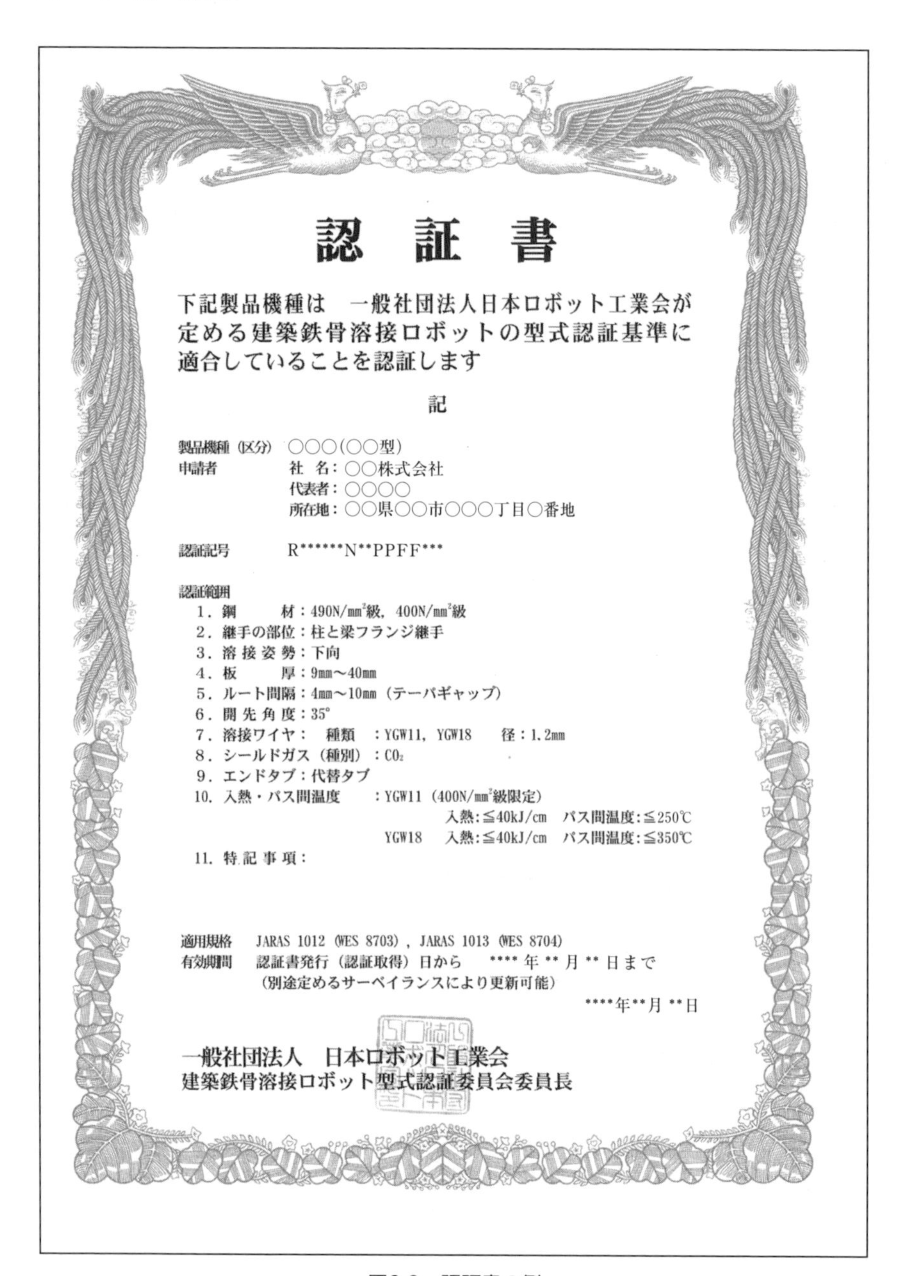

認　証　書

下記製品機種は　一般社団法人日本ロボット工業会が定める建築鉄骨溶接ロボットの型式認証基準に適合していることを認証します

記

製品機種（区分）　○○○（○○型）
申請者　社　名：○○株式会社
代表者：○○○○
所在地：○○県○○市○○○丁目○番地

認証記号　R******N**PPFF***

認証範囲
1．鋼　　材：490N/mm²級，400N/mm²級
2．継手の部位：柱と梁フランジ継手
3．溶接姿勢：下向
4．板　　厚：9mm～40mm
5．ルート間隔：4mm～10mm（テーパギャップ）
6．開先角度：35°
7．溶接ワイヤ：　種類　：YGW11，YGW18　　径：1.2mm
8．シールドガス（種別）：CO_2
9．エンドタブ：代替タブ
10．入熱・パス間温度　　：YGW11（400N/mm²級限定）
入熱：≦40kJ/cm　パス間温度：≦250℃
YGW18　入熱：≦40kJ/cm　パス間温度：≦350℃
11．特記事項：

適用規格　JARAS 1012（WES 8703），JARAS 1013（WES 8704）
有効期間　認証書発行（認証取得）日から　****年**月**日まで
（別途定めるサーベイランスにより更新可能）

****年**月**日

一般社団法人　日本ロボット工業会
建築鉄骨溶接ロボット型式認証委員会委員長

図2.2　認証書の例

承認日　****年　**月　**日

認証記号 R******N**PPFF***

認証書付属書

表１　認証試験板厚の溶接条件データ
（最小及び最大ルート間隔の場合）

板厚 (mm)	最小、最大 ルート間隔 (mm)	溶接電流範囲 (A)	溶接電圧範囲 (V)	溶接速度範囲 (cpm)	パス数
１２	４～１０テーパ	290～315	30～36	20～33	3
	１０	290～315	30～36	17～23	
３２	４～１０テーパ	310～375	32～38	17～36	12
	１０	315～380	32～38	17～26	

定常状態の溶接条件データ測定値を記載している。

表２　認証試験時データから想定された溶接施工条件範囲

板厚 (mm)	最小、６mm、最大 ルート間隔 (mm)	溶接電流範囲 (A)	溶接電圧範囲 (V)	溶接速度範囲 (cpm)	パス数
9	4	260～340	27～38	20～40	2
	6	260～340	27～39	15～35	
	１０	260～340	27～39	15～25	
１２	4	260～340	27～38	20～40	3
	6	260～340	27～39	15～35	
	１０	260～340	27～39	15～25	
１６	4	240～360	25～40	20～50	4
	6	240～360	25～40	15～45	
	１０	240～360	25～40	15～35	
１９	4	240～380	25～41	20～55	6
	6	240～380	25～41	15～50	
	１０	240～380	25～41	15～40	
２２	4	240～400	25～42	20～55	7
	6	240～400	25～42	15～50	
	１０	240～400	25～42	15～40	
２５	4	240～400	25～42	20～55	9
	6	240～400	25～42	15～50	
	１０	240～400	25～42	15～40	
２８	4	240～400	25～42	20～55	11
	6	240～400	25～42	15～50	
	１０	240～400	25～42	15～40	
３２	4	240～400	25～42	20～55	13
	6	240～400	25～42	15～50	
	１０	240～400	25～42	15～40	
３６	4	240～400	25～42	20～55	17
	6	240～400	25～42	15～50	
	１０	240～400	25～42	15～40	
４０	4	240～400	25～42	20～55	19
	6	240～400	25～42	15～50	
	１０	240～400	25～42	15～40	

パス数は、表２に記載の10%増までのパス数を認める（小数点以下は切り上げ）。

※この溶接施工条件範囲は、認証書に記載された溶接条件（40kJ/cm 以下、YGW11：パス間温度 250℃以下、YGW18：パス間温度 350℃以下）で使用しなければならない。

図2.3　認証書付属書の例

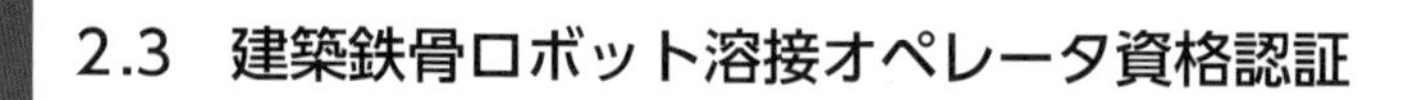

2.3　建築鉄骨ロボット溶接オペレータ資格認証

建築鉄骨の製作において溶接ロボットを用いて行う溶接オペレータに対する資格認証であり，継手の部位，溶接姿勢，使用するエンドタブの種類の組合せにより，認証範囲が分かれている。この有資格者が，工場などで溶接管理技術者の管理の下で建築鉄骨のロボット溶接の作業に従事するのが望まれる。

2.3.1　認証区分

資格認証の範囲は，溶接ロボット型式認証書に記載されたロボット機種ごとに，継手の区分，溶接姿勢，エンドタブの種類および溶接継目部の処理の有無によって，**表2.3**のように分かれている。なお，実際に溶接する際には，溶接ロボットの型式認証書および認証書付属書に記載されている認証範囲を順守す

表2.3　建築鉄骨ロボット溶接オペレータ資格の種類

級別	継手の区分	認証範囲			
		溶接姿勢	エンドタブの種類	ビード継目部の処理	種別記号
基本級	柱と梁フランジ（PP）	下向（F）	スチールタブ(S)	－	PP-FS
			代替タブ（F）	－	PP-FF
	角形鋼管と通しダイアフラム（SD）		なし（N）	－	SD-FN
	円形鋼管と通しダイアフラム（CD）		なし（N）	－	CD-FN
専門級	柱と梁フランジ（PP）	立向（V）	スチールタブ(S)	－	PP-VS
			代替タブ（F）	－	PP-VF
		横向（H）	スチールタブ(S)	－	PP-HS
			代替タブ（F）	－	PP-HF
	角形鋼管と角形鋼管（SS）b)	横向（H）	なし（N）	処理あり	SS-HA
				処理なし	SS-HN
	円形鋼管と円形鋼管（CC）b)		なし（N）	処理あり	CC-HA
				処理なし	CC-HN
	H形鋼とH形鋼（HH）		スチールタブ(S)	－	HH-HS
			代替タブ（F）	－	HH-HF
	溶接組立箱形断面柱と溶接組立箱形断面柱（BB）		コーナタブ(C)a)	－	BB-HC
			なし（N）	－	BB-HN

a）コーナタブとは，継手の角部に各辺に対して45度方向に設置するタブをいう。

b）角形鋼管柱と角形鋼管柱継手および円形鋼管柱と円形鋼管柱継手は，ビード継目部の処置について，"処理あり"と"処理なし"の2種類とする。

る必要がある。したがって，ロボット溶接オペレータは，使用する溶接ロボットの認証範囲を熟知しておく必要がある。

2.3.2　受験資格

基本級と専門級の受験資格は**表2.4**の通りである。

表2.4　建築鉄骨ロボット溶接オペレータ認証の技術検定試験の受験資格

級別	受験資格（それぞれの級ですべて満たす必要がある）
基本級	① JIS Z 3841 ／ WES 8241 に基づく半自動溶接技能者の基本級資格（SA-2F，SA-3F，SN-2F，SN-3F のいずれかの資格）を取得していること。 ② 建築鉄骨の溶接に1年以上従事していること。 ③ 労働安全衛生法第59条・同規則第36条に基づく講習である「産業用ロボット安全衛生特別教育」（80W を超えた駆動電動機を有する産業用ロボット使用の場合）の修了証を保有していること。 ④ ロボットメーカが行う「建築鉄骨ロボット溶接オペレータ特別教育」の受講修了証を保有していること。ただし，訓練又は登録者の補助として基本級資格認証範囲のロボット溶接を100日以上行った経験のある者については，建築鉄骨ロボット溶接オペレータ特別教育の受講は免除される。
専門級	① 建築鉄骨ロボット溶接オペレータ資格の基本級（PP-FS，PP-FF，SD-FN，CD-FN のいずれかの資格種別）を取得していること。 ② 資格を保有する基本級の資格種別のロボット溶接を100日以上行った経験のあること。ただし，あらかじめ承認された「建築鉄骨ロボット溶接オペレータ専門級特別教育」を受講した者については，基本級との同時受験が可能である。

2.3.3　建築鉄骨ロボット溶接オペレータ認証における技術検定試験の種類

技術検定試験の種類は，基本級と専門級それぞれ下記に示す。なお，筆記試験およびロボット実技試験の項目は**表2.5**に示す通りである。

【基本級】

講習会の後，筆記試験Ⅰおよび口述試験を日本語で行う。ただし，受験者が日本語による口述試験を受験できないと認められた場合は口述試験に代えて筆記試験Ⅱおよびロボット溶接実技試験Ⅱを行う。この場合の筆記試験Ⅰおよび筆記試験Ⅱは，（一社）日本溶接協会が認めた言語で行う。

【専門級】

① 専門級は，講習会の後，日本語による口述試験およびロボット溶接実技試験Ⅰを行う。ただし，受験者が日本語による口述試験を受験できないと認められた場合は，口述試験に代えて筆記試験Ⅱおよびロボット溶接実技試験Ⅱを行う。この場合の筆記試験Ⅱは，(一社)日本溶接協会が認めた言語で行う。なお，JIS Z 3841／WES 8241 に基づく半自動溶接技能者の専門級の資格を現有している場合は，下記②の場合を除き，ロボット溶接実技試験Ⅰを免除する。

② 特例事項が付加されて型式認証された溶接ロボットを適用する場合は，上記①にかかわらず，ロボット溶接実技試験Ⅰを行う。

表2.5　建築鉄骨ロボット溶接オペレータの技術検定試験の筆記試験およびロボット実技試験の項目

筆記試験Ⅰ	筆記試験Ⅱ
a）建築鉄骨に関する用語	a）オペレータの役割
b）鋼材・溶接材料	b）建築鉄骨溶接
c）開先形状・組立て精度	c）ロボット溶接
d）溶接欠陥の原因と対策	d）ロボット型式認証範囲
e）外観検査	e）入熱・パス間温度
f）不具合事例と対応方法	f）問題発生時の対応
g）点検	g）品質管理
h）安全・法令	

ロボット溶接実技試験Ⅰ	ロボット溶接実技試験Ⅱ
表 2.3 による各試験材料の溶接による。	表 2.3 による各試験材料の溶接による。 ただし，ロボット溶接実技試験Ⅱは筆記試験Ⅱを補完するために行うものであって，ロボット溶接におけるオペレータの役割を理解しているか否かを評価することを目的とする。

第3章

建築で使用される鋼材と溶接材料

3.1　鋼材の性質

3.1.1　建築鉄骨で使用される物理単位

建築鉄骨の製作現場では様々な単位が用いられている。長さを計測するときに使用するmm(ミリメートル)は日常の中でもよく用いられる単位である。**表3.1**に工場で使用される物理単位の例を示す。

表3.1　工場で使用される物理単位の例

物理量	記　号	読　み	例
質量	kg	キログラム	重力を除いた重さ
重量	kgf	キログラムフォース	部材の重さ
電流	A	アンペア	溶接電流
電圧	V	ボルト	アーク電圧
力	N	ニュートン	1kgf = 9.8N
長さ	mm, cm	ミリメートル,センチメートル	部材の長さ
角度	°	度,デグリー	開先角度35°
温度	℃	度,ドシー	パス間温度,気温
面積	mm^2	平方ミリメートル	部材の断面積
応力度	N/mm^2	ニュートンパー平方ミリメートル ニュートン毎平方ミリメートル	$490N/mm^2$級鋼 引張強さ，降伏点
入熱量	kJ/cm	キロジュールパーセンチメートル キロジュール毎センチメートル	30kJ/cm

3.1.2　建築鉄骨で用いられる力の単位

力の単位として用いられるN(ニュートン)という呼び方はあまり普段の生活では馴染みがないが，現在の国際規格であるSI単位で使用されている。重量1kgf = 9.8Nであるので，50kgfは50 × 9.8 = 490Nとなる。過去にSM50と表記され50キロ鋼と呼称されていた鋼材は，現在ではSM490という規格名称となっている。

3.1.3　鋼材の降伏点と引張強さ

鋼材の種類や強度を理解するうえで，降伏点と引張強さを覚えておく必要がある。鋼材の強度は一般的に引張試験によって測定される。

図3.1 に建築鉄骨で使用される代表的な鋼材の引張試験の応力度とひずみ度の関係を示す。縦軸が応力度で横軸がひずみ度を表しており，降伏点は①の点で表される。鋼材に降伏点を超える引張力Pが加えられると，応力度はある点で最大を迎える。この最大の応力度を引張強さといい，③の点で表される。(建築では、一般的に降伏点の規格下限値を基準強度として設計が行われる。)

また，鋼材の変形性能を示す重要な指標の1つに降伏比がある。降伏比は，降伏点を引張強さで割った値であり，降伏点が375N/mm²、引張強さが550N/mm² の鋼材の降伏比は375/550 = 0.68で68%とパーセントで表示される。必ず100%よりも小さい値になる。

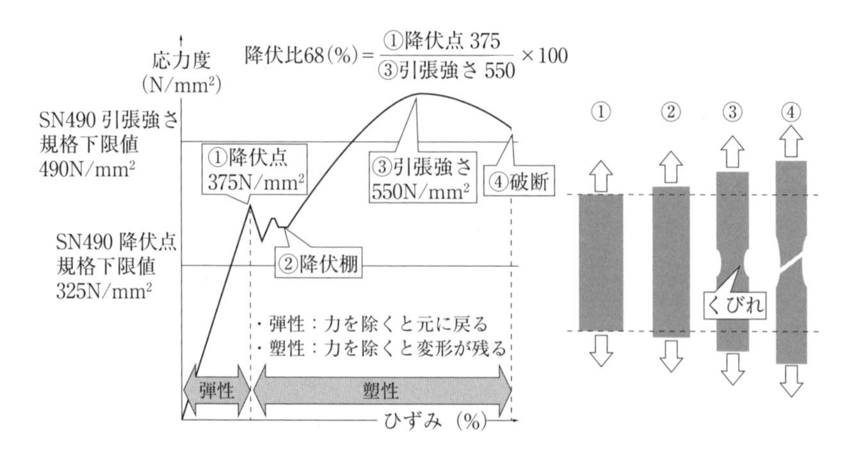

図3.1　鋼材の降伏点と引張強さ

3.1.4　鋼材のじん性

じん性とは変形に対する粘り強さを表す言葉で，強靭(じん)な，という表現で使用される用語である。一般的にじん性が高い材料とは，**図3.2** に示すゴムのように大きな変形を与えても粘り強く破断しない材料のことを指し，じん性

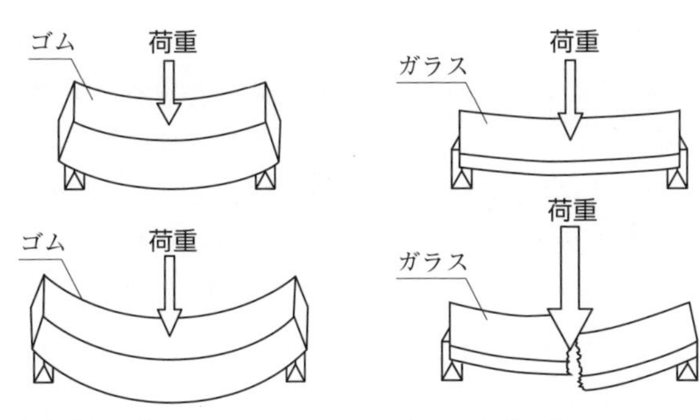

図3.2　ゴムとガラスのじん性

が低い材料とは，ガラスのようにゴムに比べて強度は高いが小さな変形で破壊する材料のことを指す。

3.1.5　鋼材の化学成分

鋼材は，含有する炭素量によって**表3.2**のように分類され，建築鉄骨で使用される鋼材は表中の低炭素鋼と呼ばれるものである。鋼材に含まれる様々な元素のうち，炭素（C），マンガン（Mn），けい素（Si），りん（P），硫黄（S）は，鋼の五大元素と呼ばれる。

表3.2　炭素鋼の分類

種類	炭素量（%）
低炭素鋼	0.03 以上 0.3 以下
中炭素鋼	0.3 越え 0.6 以下
高炭素鋼	0.6 越え 2.0 以下

3.2　建築鉄骨のロボット溶接で使用される主な鋼材と溶接材料

3.2.1　鋼材の規格および名称

建築鉄骨で使用される鋼材は日本産業規格に適合するもの（JIS規格品）と国土交通大臣の認定を受けたもの（大臣認定品）の2種類に大別され，SS400,

SN400，SN490，SM490はJIS規格品，BCR295，BCP235，BCP325は大臣認定品である。**図3.3**にSN490BとBCR295の例を示すが，SNやBCRといった鋼材の規格名称を表すアルファベットの後に数字の490や295が表記されている点については，JIS規格品も大臣認定品も同じである。建築鉄骨は降伏点を用いた設計が基本であり，建築鉄骨に使用される鋼材を対象としている大臣認定品のアルファベット後の3桁の数字は基準強度（降伏点の下限値）を表す。JIS規格品のアルファベット後の3桁の数字は引張強さの規格下限値を表すため，注意する必要がある。末尾のA，B，Cについては化学成分の管理値や溶接性能などの規定を示している。

SN 490 B ①　②　③ ①材料の規格名称 ②引張強さの下限値 ③化学成分や溶接性能の規定 　A材，B材，C材の順に厳しくなる 　SN490鋼材にはA材はない	BCR 295 ①　② ①大臣認定品名称 ②降伏点の下限値

図3.3　SN490BとBCR295の記号

3.2.2　鋼板およびH形鋼などの鋼材

表3.3に建築鉄骨で使用される鋼材の種類一覧を示す。SS400は一般構造用圧延鋼材（JIS G 3101）における引張強さの下限値が400N/mm^{2}の鋼材であり，SM490は溶接構造用圧延鋼材（JIS G 3106）における引張強さの下限値が490N/mm^{2}の鋼材である。**図3.4**にSS材の記号例を，**図3.5**にSM材の記号例を示す。

SS400はもともと溶接性を保証した鋼材ではない。一方で，SM490はSS400に比べて化学成分の規定項目が多く，特に炭素（C）の上限値を規定しているため，継手などを溶接接合する場合の溶接性が優れている。またSM490は，じん性の評価指標のひとつであるシャルピー吸収エネルギーの大小でA，B，Cの3種類に区分される。

表3.3　建築鉄骨で使用される鋼材の種類一覧

鋼材規格	鋼材名称	JIS 規格 大臣 認定品	降伏点※1 [N/mm²] 下限／上限	引張強さ※1 [N/mm²] 下限／上限	降伏比 [%] 上限	$_vE_0$※2 [J] 下限	溶接性
SS400	一般構造用 圧延鋼材	JIS G 3101	235/ −	400/510	−	−	△※3
SM490 A	溶接構造用 圧延鋼材	JIS G 3106	315/ −	490/610	−	−	○
SM490 B					−	27	○
SM490 C					−	47	○
SN400 A	建築構造用 圧延鋼材	JIS G 3136	235/355	400/510	80	−	△※3
SN400 B						27	○
SN400 C						27	○
SN490 B			325/445	490/610	80	27	○
SN490 C						27	○
BCR295	建築構造用 冷間成形 ロール角形鋼管	大臣認定品	295/445	400/550	90	27	○
BCP235	建築構造用 冷間成形 プレス角形鋼管	大臣認定品	235/355	400/510	80	27	○
BCP325			325/445	490/610	80	27	○

※1　降伏点および引張強さは各鋼材規格で板厚によって下限と上限が異なるが，例として JIS 規格は厚さ 16mm ～ 40mm における規格値，大臣認定品は厚さ 6mm ～ 40mm（BCR295 の最大板厚は 25mm）における規格値を示す。

※2　$_vE_0$：試験片温度が 0℃の場合のシャルピー吸収エネルギー。
値が大きいほどシャルピー吸収エネルギーが高い。

※3　SS400，SN400 A は溶接性を保証した鋼材ではない。

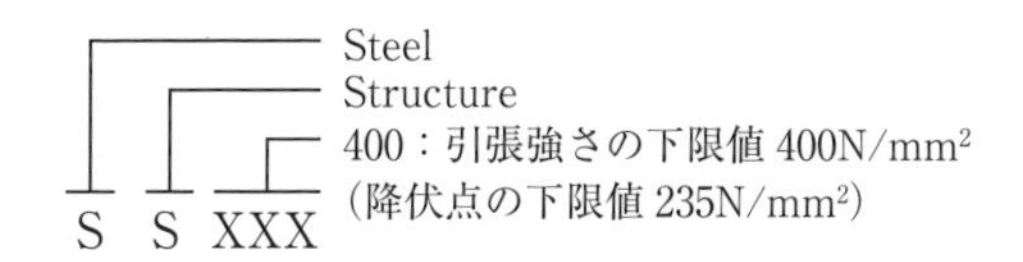

図3.4　SS材の記号

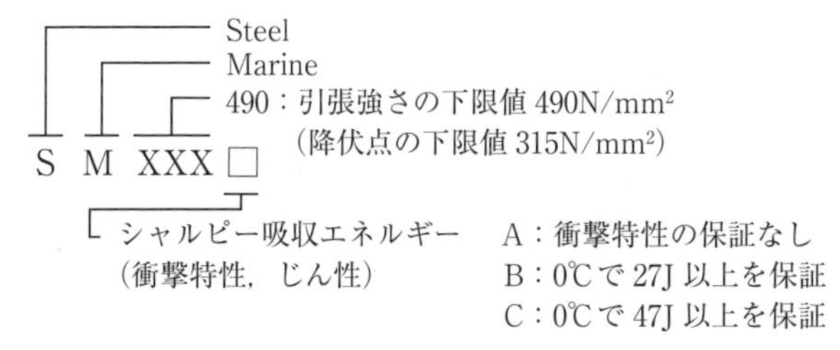

図3.5　SM材の記号

建築鉄骨に用いる鋼材のJIS規格が見直されて1995年に制定されたのが建築構造用圧延鋼材(JIS G 3136)のSN材である。

SN材は引張強さの下限値が400N/mm²であるSN400と引張強さの下限値が490N/mm²であるSN490がある。建築鉄骨の設計において厚さが40mm以下のSN400は降伏点235N/mm²，引張強さ400N/mm²が用いられ，同じく厚さが40mm以下のSN490は降伏点325N/mm²，引張強さ490N/mm²が用いられる。SN材は降伏点および降伏比の上限値も規定されている。

3.2.3　SN材のA種，B種，C種の区分

建築鉄骨での使用部位を考慮し，SN400はA，B，Cに，SN490はB，Cに区分されており，化学成分や機械的性質の規定値はC材が最も厳しく，B材，A材の順に規定値は緩くなっている。SN400にのみ設定されたA材は化学成分の規定項目がB，C材よりも少なく，溶接性について考慮されていない。

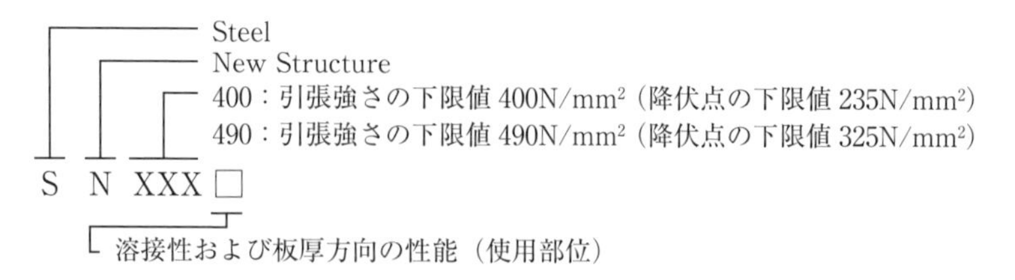

図3.6 SN材の記号

3.2.4　冷間成形角形鋼管BCRとBCP

冷間成形角形鋼管のBCRとBCPは建築鉄骨の柱を主用途とする大臣認定品の鋼材である。また，冷間成形角形鋼管はロール成形角形鋼管BCR295とプレス成形角形鋼管BCP235，BCP325に大別される。

建築鉄骨の設計において板厚が40mm以下のBCR295は降伏点295N/mm²，引張強さ400N/mm²が用いられ，同じく板厚が40mm以下のBCP235は降伏点235N/mm²，引張強さ400N/mm²が用いられる。また，板厚が40mm以下

の BCP325 については降伏点 325 N/mm², 引張強さ 490 N/mm² が用いられる。

3.2.5　H形鋼の特徴

H形鋼は**図3.7** に示すように力の加わる方向により曲げ耐力に差が生じる。この場合の曲げ耐力に対して強い方向を強軸，弱い方向を弱軸と呼び，その形状の特性を生かして梁などによく用いられる。

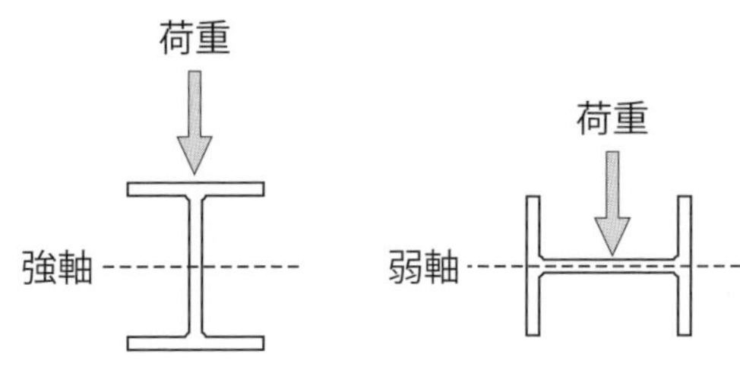

図3.7　H形鋼の強軸と弱軸

またH形鋼は，形鋼の中でサイズが豊富な材料である。図 3.8 に示すように内法一定でフランジとウェブの組合せが変化する内法一定H形鋼と，外法寸法一定でフランジとウェブの組合せが変化する外法一定H形鋼がある。内法一定H形鋼は建築鉄骨以外にも鋼構造全般で幅広く使用されるのに対し，外法一定H形鋼は主に建築鉄骨で使用されており，設計の簡素化やサイズバリエーションが多いメリットがある。例えば内法一定H形鋼の場合，設計時に断面性能が足らなくなると梁せいをワンサイズアップする必要があるのに対し，外法H形鋼は梁せいを変えずに断面性能が上がる断面サイズのラインナップが豊富である。

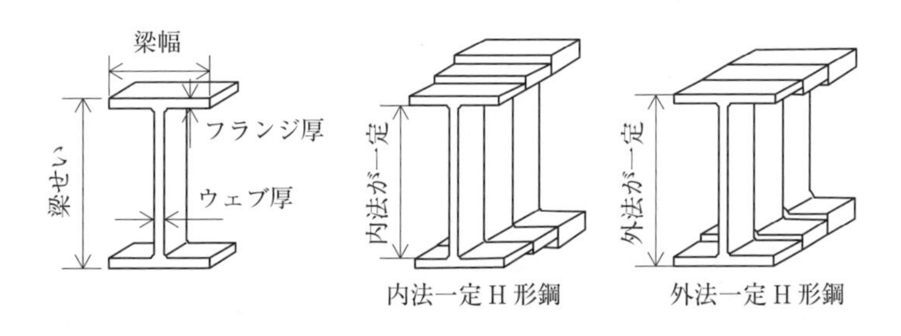

図3.8　H形鋼の外法寸法と内法寸法

3.2.6 溶接ワイヤ

JIS Z 3312 の YGW11 および YGW15 に区分されるソリッドワイヤは，従来から建築鉄骨の溶接によく使用されている（**表3.4**）。また，1999 年に規定された YGW18 および YGW19 は，一般的に 490 N/mm² 級高張力鋼の大電流範囲での溶接に使用されており，YGW11 や YGW15 よりも Mn の上限が高いため，大入熱・高パス間温度での溶接金属の機械的性質が，YGW11 や YGW15 よりも優れるという特徴がある。

表3.4　建築鉄骨で使用される主な溶接ワイヤ一覧

種類	ワイヤの化学成分の記号	シールドガス	機械的性質			化学成分							
			引張強さ [N/mm²] 上限 下限	降伏点 [N/mm²] 下限	$_vE_0$*1 [J] 下限	C [%] 上限 下限	Si [%] 上限 下限	Mn [%] 上限 下限	P [%] 上限	S [%] 上限	Cu [%] 上限	Mo [%] 上限	Ti+Zr [%] 上限 下限
YGW11	11	CO_2	670			0.15	1.10	1.90	0.030	0.030	0.50	−	0.30
			490	400	47	0.02	0.55	1.40					0.02
YGW15	15	Ar+CO_2*2	670			0.15	1.00	1.60	0.030	0.030	0.50	−	0.15
			490	400	47	0.02	0.40	1.00					0.02
YGW18	J18	CO_2	740			0.15	1.10	2.60	0.030	0.030	0.50	0.40	0.30
			550	460	70	−	0.55	1.40					−
YGW19	J19	Ar+CO_2*2	740			0.15	1.00	2.00	0.030	0.030	0.50	0.40	0.30
			550	460	47	−	0.40	1.40					−

※1 $_vE_0$：試験片温度が0℃の場合のシャルピー吸収エネルギー。
※2 炭酸ガス20%～25%（体積分率）とアルゴンガスの混合ガス。

3.3 溶接部の強度およびじん性の管理

3.3.1 入熱量およびパス間温度

建築鉄骨の溶接部は強度およびじん性が重要な要素として性能の確保が求められる。溶接時の溶接施工条件によって強度およびじん性が母材の規格値よりも低下する可能性がある。そこで，溶接施工条件を管理する一手法として，入熱量とパス間温度の管理がある。

3.3.2 入熱量とパス間温度の定義

入熱量は溶接の際に外部から溶接部に与えられる熱量である。アーク溶接においては，溶接ビードの単位長さ(cm)当たりに投入される電気エネルギーHI(J/cm)で表される。入熱量は，式(1)に示すように，溶接電流I(A)，アーク電圧E(V)，溶接速度v(cm/min)を用いて算出される。入熱量は他分野ではmm単位で算出される場合が多いが，建築ではcm単位で算出される。

$$\text{入熱量 HI(J/cm)} = \frac{60 \times \text{溶接電流 I(A)} \times \text{アーク電圧 E(V)}}{\text{溶接速度 } v\text{(cm/min)}} \cdots (1)$$

建築鉄骨では入熱量の単位をkJ/cm（キロジュール パー センチメートルまたはキロジュール毎センチメートル）で表すことが多い。

パス間温度は，後続のパスを始める直前の母材温度であり，パス間の最低温度のことである。文字通りパスとパスの間の温度のため，1パス目(初層)直前の温度をパス間温度とは称さない。

3.3.3　パス間温度の測定例

図3.9のパス数は5パスのため，パス間温度の測定は4回となる。

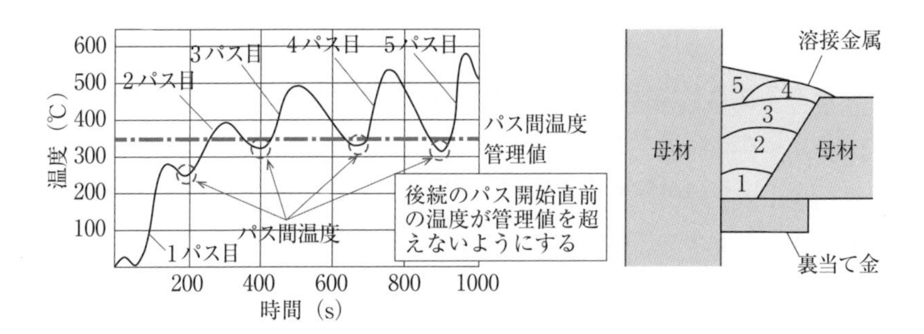

図3.9　熱履歴と管理の例(パス間温度350℃管理の場合)

3.3.4　パス間温度の測定位置

H形鋼および鋼板のパス間温度は，**図3.10**に示す例のように，開先が取られている側の板幅中央で，開先の縁より10mm母材側の位置で測定する。なお，パス間温度は接触式もしくは非接触式温度計や熱電対で数値を測定する。

パス間温度の簡易的な確認方法として，管理温度に対応した温度チョークなどの感温材を用いることもある。

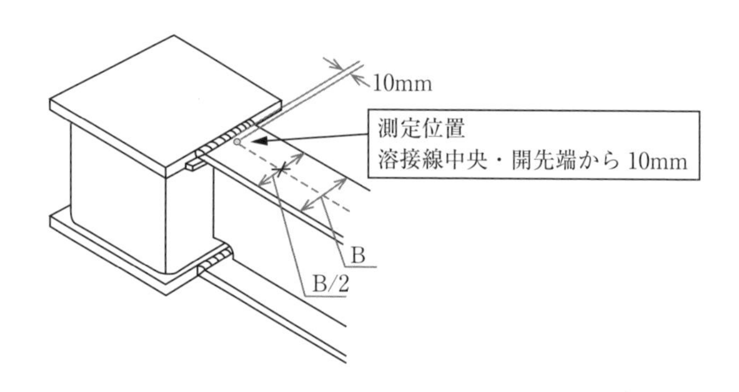

図3.10　パス間温度の管理点(H形鋼の梁端溶接の例)

3.3.5　入熱量・パス間温度と溶接部の強度とじん性の関係

溶接ワイヤ YGW11 および YGW18 における強度およびじん性とパス間温度および入熱量の関係を**図3.11** に示す。パス間温度が高くなる，あるいは入熱量が大きくなると溶接金属の強度およびじん性は低くなる。そのため，溶接部の強度を母材と同等以上にし，かつじん性を確保するためには，パス間温度と入熱量をある値以下に管理する必要がある。同じ溶接条件（パス間温度および入熱量）で管理した場合，YGW18 の引張強さは YGW11 の引張強さよりも高くなるため，溶接材料の種類に応じて適切に入熱量およびパス間温度を管理することが重要である。

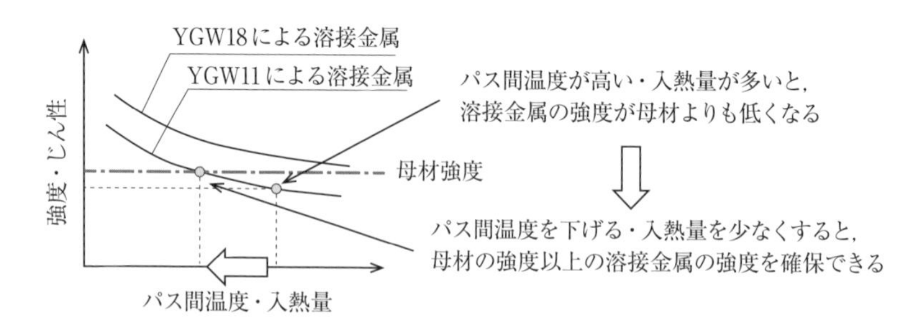

図3.11　溶接部の強度およびじん性とパス間温度および入熱量の関係

3.3.6　入熱量とパス間温度の管理

建築鉄骨溶接ロボット型式認証では溶接条件，積層方法，入熱量・パス間温度などが認証範囲で定められている。入熱量・パス間温度の項目では，鋼材の種類と溶接ワイヤとの組合せに応じて，入熱量とパス間温度の上限値が異なる場合がある。自社で使用している溶接ワイヤが適用可能な鋼材および溶接条件であるかを溶接前に確認する必要がある。

第4章
建築鉄骨の製作

4.1　建築鉄骨製作の流れ

建築鉄骨製作の流れの概略図を**図4.1**に示す。鉄骨製作業者の工場溶接では，主に以下の溶接方法が採用されている。

(1) 手溶接

被覆アーク溶接

(2) 半自動溶接

ガスシールドアーク溶接

(3) 自動溶接

サブマージアーク溶接，エレクトロスラグ溶接

(4) ロボット溶接

ガスシールドアーク溶接

ロボット溶接は，使用する溶接ロボットおよび従事するロボット溶接オペレータ有資格者など，工事ごとに設計者(工事監理者)の承認が必要である。

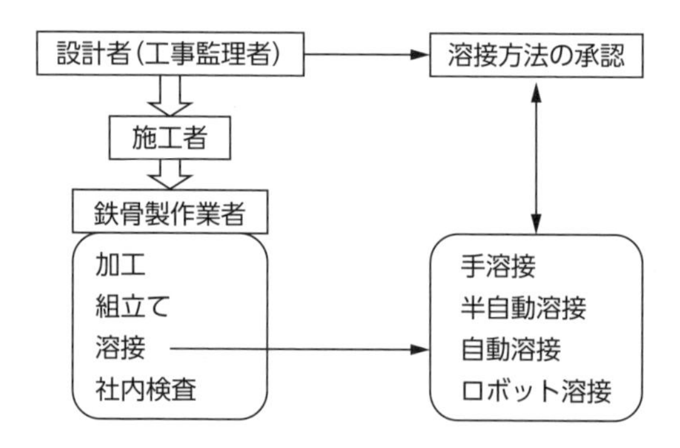

図4.1　建築鉄骨製作の流れ概略図

4.2　建築鉄骨における溶接の特徴

(1) 板厚に対する溶接線が短い

図4.2 に示すように溶接線が短いため始終端処理が多い。

(2) 裏当て金付きレ形開先が多い

裏当て金は，溶接部初層の溶接金属が溶落ちないように用いるもので，片面溶接工法を用いるロボット溶接の多くが適用している。

(3) 周溶接となることが多い

連続的な溶接が可能であるが，溶接変形などに対する対策が必要(**図4.3**)。

(4) 応力度の高い部位に溶接部がある

建築鉄骨は立体的で複雑な架構が製作可能（**図4.4**）であるが，溶接接合部は地震時に最も大きな応力を受ける部位が多い。よって，建物の耐震性能は溶接接合部の性能に影響されることになる。

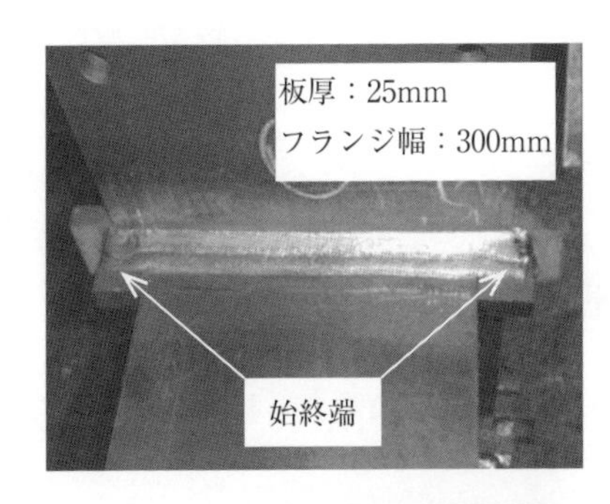

図4.2　短い溶接線・多い始終端処理

図4.3　周溶接の一例

図4.4　立体的で複雑な架構

4.3　鉄骨工事の準拠図書

鉄骨工事に関する主な仕様書，指針を以下に挙げる。

(1)（一社）日本建築学会：建築工事標準仕様書 JASS 6 鉄骨工事

鉄骨工事の設計，施工，製作等に関する要求目標の設定や技術の標準モデルをまとめた仕様書が「建築工事標準仕様書 JASS 6 鉄骨工事」である。材料，工作，溶接，高力ボルト接合，塗装，検査，工事現場施工等に関する仕様が記載されている。これらのうち溶接の項目では，溶接方法の承認，溶接技能者および溶接オペレータの資格，溶接施工に関する仕様等が示されている。

(2)（一社）日本建築学会：鉄骨工事技術指針・工場製作編

(3)（一社）日本建築学会：鉄骨工事技術指針・工事現場施工編

(4)（一社）日本建築学会：鉄骨精度測定指針

「建築工事標準仕様書 JASS 6 鉄骨工事」の項目のうち，工場製作に関する技術的解説は「鉄骨工事技術指針・工場製作編」，現場施工に関する技術的解説は「鉄骨工事技術指針・工事現場施工編」，寸法検査・計測に関する解説は「鉄骨精度測定指針」にそれぞれまとめられている。

4.4　建築鉄骨に用いられる部材および施工

ロボット溶接オペレータが知っておくべき建築鉄骨に用いられる部材および施工について述べる。

4.4.1　ダイアフラム

ダイアフラムは柱と梁を一体化して互いに力を伝えるために必要な鋼板である。通しダイアフラムは柱部材を横断して鋼板を取り付け，内ダイアフラムは柱部材内部に鋼板を取り付ける。柱梁接合部には主に梁貫通形式と柱貫通形式があり（**図4.5**），通しダイアフラムを用いる梁貫通形式は角形鋼管柱や円形鋼管柱に採用されることが多く，内ダイアフラムを用いる柱貫通形式はBOX（溶接組立箱形断面）柱に採用されることが多い。通しダイアフラムは柱溶接部に挟まれるため板厚方向に応力を受けるので，各強度の鋼板のうち板厚方向特性

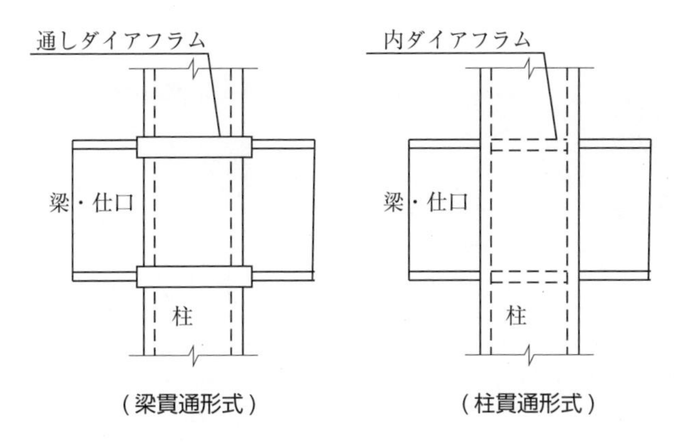

図4.5　柱梁接合部の形式

に優れるSN材のC種を用いることが多い。また，ダイアフラムと梁フランジの突合せ継手の食違い・仕口のずれ防止のため梁フランジ板厚に対し，通しダイアフラム板厚は2サイズアップ以上，内ダイアフラム板厚は1サイズアップ以上とすることが望ましい。

4.4.2　ノンスカラップ工法およびスカラップ工法

ノンスカラップ工法は，柱梁接合部の梁ウェブにスカラップ無しで溶接する工法である。ノンスカラップ工法の代表的な納まりを**図4.6**に，スカラップ工法の代表的な納まりを**図4.7**に示す。スカラップは半径35mm程度の1/4円と半径10mm以上の1/4円を複合させた形状を採用することが多い。スカラッ

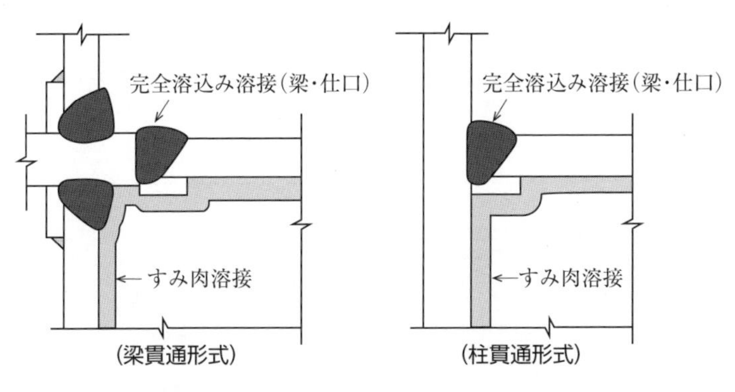

図4.6　ノンスカラップ工法の代表的な納まり[1)]

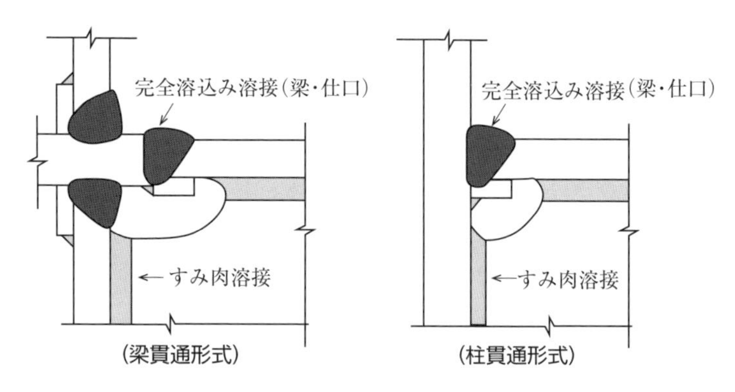

図4.7　スカラップ工法の代表的な納まり[1)]

プは溶接作業において溶接線が交差しないように設けるが，断面欠損およびスカラップ底の応力集中を原因とする力学的性能の低下が生じる。そのため，工場溶接の柱梁接合部では力学的性能が優れるノンスカラップ工法が一般的に採用されている。

4.4.3　裏当て金

裏当て金は母材に適し溶接性に問題のない材質で，溶落ちが生じない板厚とする。また，健全なルート部の溶込みが得られるように適切なルート間隔をとり，裏当て金は原則として母材に密着させなければならない。

(1)裏当て金の取付要領

①裏当て金を用いた柱梁接合部の裏当て金の組立て溶接は，**図4.8** に示すように，梁フランジの両端から5mm以内およびフィレット部のR止まり，またはすみ肉溶接止端部から5mm以内の位置には行わない。

②裏当て金の組立て用のすみ肉溶接は，サイズは4～6mmで1パスとし，長

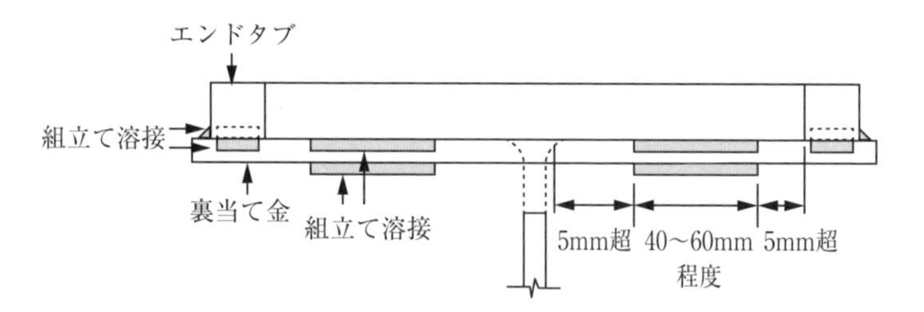

図4.8　エンドタブ，裏当て金の組立て溶接[2)]

さ40～60mm程度とする。

③本溶接によって再溶融されない組立て溶接は，梁フランジおよび柱フランジ母材に直接行ってはならない。

4.4.4 エンドタブ

溶接部の始端はアークが不安定なため溶込不良など，終端にはクレータ処理を怠った場合にクレータ割れなどの欠陥が生じやすい。これらの欠陥を母材範囲内に残存させないため原則として適切な形状のエンドタブを取り付けて溶接を行う。一方，経済性や施工性を考慮して開先形状や板厚に合わせた固形エンドタブが用いられることもある。固形エンドタブを用いる場合は，タブ近傍に欠陥が発生しやすく，健全な溶接部を得るためには特有の技量が求められるため，固形エンドタブの採用は工事ごとに設計者(工事監理者)の承認が必要である。固形エンドタブには，フラックスやセラミックスなどを焼結した製品があり，代替タブともいう。

(1)エンドタブの取付要領

①開先のある溶接の両端では，全断面で健全な溶接が確保できるようにエンドタブを用いる。ただし，工事監理者の事前の承認があれば，その他の適切な方法を用いることができる。

②柱梁接合部にエンドタブを取り付ける場合には**図4.9**に示すように，裏当て

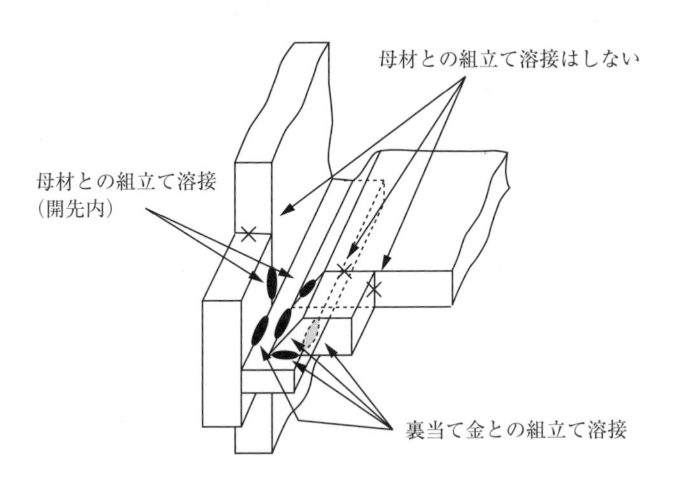

図4.9 柱梁接合部エンドタブの組立て溶接例[2]

金に取り付ける。直接，母材に組立て溶接をしない。ただし，組立て溶接を本溶接により再溶融させる場合は，開先内に組立て溶接を行ってもよい。

③エンドタブの切断の要否および切断要領は，特記による。特記のない場合は切断しなくてよい。

(2)固形エンドタブの取付要領

固形エンドタブの取付施工例を**図4.10**に示す。

①裏当て金は，溶接の始終端部における溶接金属の溶落ちを防止する目的で母材端より10mm程度長いものを使用する。

②固形エンドタブは，鋼線，マグネットジグなどにより母材と密着するように固定する。

図4.10 固形エンドタブの取付施工例

［参考文献］

1) 日本建築学会：鉄骨工事技術指針・工場製作編，2018
2) 日本建築学会：建築工事標準仕様書 JASS 6 鉄骨工事，2018

第５章 建築鉄骨ロボット溶接の特徴とオペレータの役割

5.1　オペレータの果たすべき役割

5.1.1　ロボット溶接品質の確保に影響を与える要因

ロボットを用いた溶接と人手による溶接との違いは，人手による溶接作業では，溶接技能者は適用対象継手に応じてあらかじめ，溶接電流，電圧を設定し，開先形状(ルート間隔，開先角度の大小)に合わせて，溶接トーチをワーク溶接継手線に沿って運棒，走行しながら，狙い位置や狙い角度を調整している。したがって，溶接技能者の技量に大きく依存する結果になっているといえる。

一方，ロボットによる溶接作業の場合は，ロボットがあらかじめ作成されたプログラムによって動作するため，ロボット本体に内蔵されたプログラムの良し悪しが，溶接品質に大きく影響をすることとなる。溶接対象となるワークの設置保持ジグや溶接ロボットの据付け位置精度が正確でなければならず，また溶接電流，電圧，トーチ狙い位置，姿勢，溶接速度などあらかじめ設定した条件(プログラム)でしか施工できないことになる(**図5.1** 参照)。

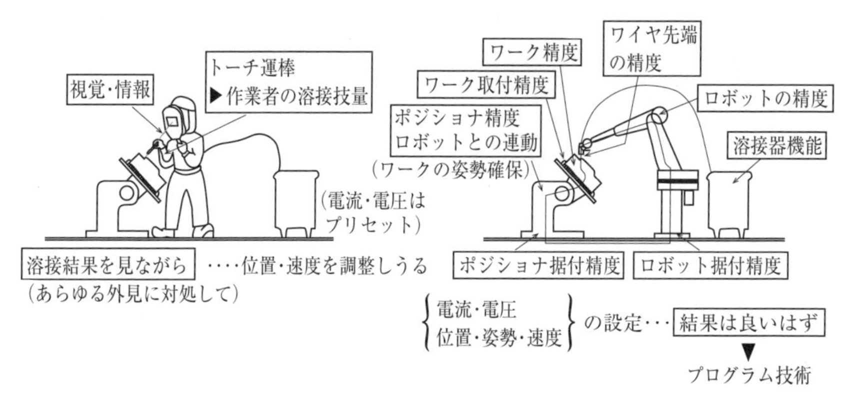

図5.1　ロボットと人手作業による溶接の違い

5.1.2　ロボット溶接部の品質に影響を与える要因

(1) ロボット溶接に内蔵された溶接条件

建築鉄骨に適用する溶接ロボットは，第2章でも述べたように溶接ロボットメーカがあらかじめ（一社）日本ロボット工業会（（一社）日本溶接協会との共同規格）が実施する「建築ロボット溶接型式認証制度」を受験し，継手の部位，ならびに溶接姿勢ごとに取得することが求められている。型式を取得したロボットには認証書が交付され，認証記号とともに認証範囲として2.2節の表2.2に示す項目が記載されており，オペレータはこれらについて把握しておくことが重要である。

(2) 使用する溶接ロボットの保守点検

点検の目的はロボットの初期性能を維持し，安定した生産活動を実施するためである。点検の区分として大きくメーカ点検とユーザ点検がある。点検項目は日常点検項目と定期点検項目に区分けすることができ，オペレータは使用するロボットに適した日常点検リストを作成し，それを実施，記録する。詳しくは6.2節を参照されたい。

(3) 溶接する鉄骨部材の開先加工精度と組立て精度

建築鉄骨向けの開先形状とその開先加工ならびに部材の組立て精度の要求は，使用する溶接ロボットのメーカごとに若干の違いはあるものの，人手作業による溶接に比べ一般に厳しい値となっている。開先の加工・組立て精度について，**図5.2**に一例を挙げる。ロボット溶接では，あらかじめ設定されたプログラムにより稼働するため，溶接技能者がするような，開先・組立て精度に対して柔軟な対応ができない。したがって，人手による溶接よりも，ロボット溶

ベベル角度（a）	$a \pm 1°$		
開先加工	機械加工が望ましい		
ルート面（R）	1mm以下		
開先角度（θ）	$\theta \pm 1°$		
裏当て金のすき間（肌すき）（e）	1mm以下		
裏当て金の板厚	9mm		
溶接姿勢とルート間隔	下向	横向	立向
ルート間隔の適用範囲（G）	4～10mm	5～9mm	4～10mm
同一継手内のルート間隔変動	4mm以下	2mm以下	4mm以下

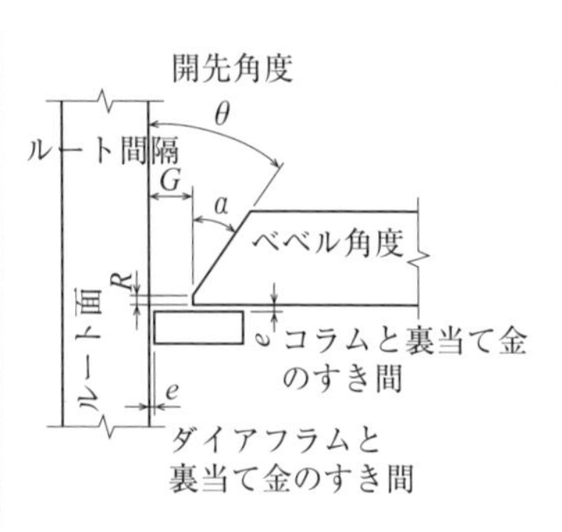

図5.2　開先の加工・組立て精度の一例

接ではこの基準よりさらにワンランク高い精度が必要とされ，このためにはオペレータの目による判断が必要となる。

(4) ロボット溶接施工時のトラブル対応ならびに溶接不完全部の原因とそれへの対策

オペレータの役割として，ロボット溶接施工時のトラブル対応ならびに溶接不完全部(溶接欠陥)発生の原因とそれへの対策について，①溶接前，②溶接中(含，アーク発生中)，③溶接後の3段階で考えることができる(7章参照)。

(4.1)溶接前の点検と留意点

溶接前の点検と留意点としては以下の項目が挙げられる。

①溶接ロボット本体ならびにシステム周辺機器の正常動作の確認：ワイヤカッタ，ノズルクリーナ，ワイヤタッチセンサ，原点の確認

②溶接ワイヤ送給系の点検・確認：ワイヤの送給系，ワイヤの曲がり，ワイヤぐせ

③母材・開先内などの汚れ：黒皮，スラグ，切子，さび，防錆剤(油)，水分など

④ロボット溶接施工条件の入力の確認：溶接長，板厚，その他寸法など

⑤ワイヤタッチセンシング不良・誤検出：ワイヤと母材，溶接トーチ短絡，ワイヤ先端のスラグ，母材・開先の汚れ

(4.2)溶接中(アーク発生中)の留意点

溶接中の留意点は，アーク発生中を含め以下のような項目である。

①アークスタートの不良：開先面のスラグ，ワイヤ先端の状況，ロボットの位置ずれ，ケーブルの断線

②アークの不安定：溶接条件の不適正，ワイヤ送給不良，ガスシールド不良，溶接チップの不良(摩耗)，酸化，アークの偏向など

③狙いずれ：ロボットの原点(ゼロ点不良)，ワークのずれ，チップ内径の過大摩耗

④監視作業の確認不足による不適合の監視：異常音，スパッタ多発，粒径過大，アーク光の状態，ワイヤ狙い位置異常，溶融池異常など

⑤適切に溶接されているかどうかの確認：予熱・パス間温度の確認，溶接不具合への対処

(4.3)溶接後の点検と留意点

溶接後は外観検査による溶接ビード表面の確認ならびに非破壊検査法（放射

線透過試験や超音波探傷試験）による内部不完全部の確認を行う。溶接不完全部（溶接欠陥）への対策はオペレータの役割であり，詳細は7章を参照されたい。

(5) 溶接ロボットの操作

溶接ロボットを扱うオペレータは，「安全はすべての作業に優先する」を第一義として，①オペレータ自身の安全，②周囲への配慮，③関係者の安全を考慮し，オペレータ自身が頭脳・目となり，決められた安全基準を順守し，適切・正確な操作を行うことで，ロボットに使われることなく，使いこなしていくことが大切である。

5.2　建築鉄骨ロボット溶接の特徴（ロボット溶接の長所と短所）

ロボット溶接の長所と短所を溶接技能者による半自動溶接と比較すると次のような特徴が挙げられる。

(1) 長所

①能率が向上する

②コストが低減できる

③品質が安定する

④省人力化が図れる

⑤溶接熟練工不足を補える

⑥溶接技能者の高年齢化対策に役立つ

⑦作業環境が改善される

(2) 短所

①組立て精度の許容範囲が狭い

②適用範囲や自由度がやや劣る

③プログラムで設定したこと以外はできない

④ロボット専用の作業場を確保する必要がある

⑤設備費が高額である

⑥より高度な日常点検や定期点検が必須である

⑦溶接不完全部（溶接欠陥）や制御トラブルの原因究明と対策に高度な技術力が要求される

第6章

各種点検(日常点検，定期点検)

6.1　点検区分とその目的

6.1.1　点検の目的

・初期性能を保持し，安定な生産活動を実施する

・設定された位置と速度の再現性を確認することで，溶接品質のばらつきを低減する

・溶接ロボットシステムの不良や故障を早期に検出し重大なトラブルになる前に対応することで，生産ラインの停止時間を最小限に抑る

・溶接ロボットシステムの安全性に関する法規制や規格要件を満たすために実施し，法的コンプライアンスを確保する

6.1.2　点検区分

・点検のタイミングは，年，半年，月，週，日，始業前がある

・メーカ点検とユーザ点検がある

6.1.3　管理方法

●消耗部品は常備が必要

●使用するロボットに適した点検リストを作成し，それを実施，記録する

●点検チェックリストが利用されている。その理由は

・すべてのオペレータや技術者が同じ基準で管理できる

・重要な点を見落とすリスクを低減できる

・管理の記録を維持することで，状態を追跡することが容易になる

6.2　溶接ロボットに必要なメンテナンス

6.2.1　溶接管理技術者が実施すべき事項

・溶接ロボットに適用する継手の開先精度は，製作仕様書の基準の適用範囲内にする
・溶接継手の組立ては，組立要領に従い実施する
・組立て溶接は本溶接の一部として残るので，有資格者の溶接技能者が実施する
・溶接ロボットのオペレータに対して定期的な教育訓練を実施する
・使用する溶接ロボットに適した日常点検リストを作成する
・溶接品質(外観検査，超音波探傷検査など)の管理を徹底し，不具合発生時の負担を最小限に抑える
・不具合発生時の原因を徹底追及し，対策を講じ，再発防止を図る
・溶接ロボットの定期点検，メンテナンスの手配をする
・電源や教示ペンダントに表示される電流・電圧の値とアーク近傍での実測値(溶接電流，アーク電圧)の差を確認する

6.2.2　溶接オペレータが実施すべき事項(例)

使用する溶接ロボットの日常点検リストに基づき，点検を実施し，確認，記録する。

●溶接ロボットシステムに関すること
・ロボットの原点位置の確認
・装置の非常停止動作の確認(非常停止は作業者らを守る大切な手段であり，確実に機能することを使用前に毎回確認すべきである)
・溶接ロボットに何かがぶつかったり，位置ズレしていないか
・溶接ロボット稼動範囲内に障害物や可燃物はないか
・溶接電源本体に異常はないか，異音はしていないか
・各駆動部の異音およびガタの有無はないか
・電源冷却用ファンは正常に稼働しているか

●溶接電源・送給経路に関すること

・溶接トーチの取付状態は適正か
・ワイヤ送給装置は正常に動作しているか（正常に溶接ワイヤが送られているか）
・コンタクトチップは磨耗していないか(新しいものに交換したか)
・溶接トーチ（トーチ本体，ノズル，オリフィス），開先などの塵埃・スパッタなどは綺麗に清掃されているか，また変形などないか

●溶接に使用する溶接材料，シールドガス，周辺機器に関すること
・エア，シールドガスの流量は正しく漏れはないか，残量はあるか
・溶接トーチ先端のワイヤ突出し長さを確認する
・ワイヤの送給経路はスムーズか，トグロを巻いていないか
・教示ペンダントイネーブルスイッチの動作を確認
・レール固定のマグネットON/OFFの確認
・レールのセット機構が正しいか
・レールの摩耗や変形がないか
・溶接ワイヤの残量はあるか
・エアの水抜きはしたか
・溶接ロボット，トーチへの冷却水は流れているか
・溶接ロボット動作範囲の外側に安全柵または囲いを設置しているか

6.2.3　メーカが実施する定期点検項目（例）

日常点検に加え，さらに時間をかけて行う詳細な定期点検リストを作成し，それを実施，確認，記録する。

●溶接ロボットシステムに関すること
・ロボット，ポジショナのガタ確認
・各軸モータ・減速機に異音，振動がないか
・各軸減速機のグリス補充，グリス交換
・各軸ブレーキの作動の確認（サーボONで異常振動がないこと，サーボOFFでアーム落下しないこと）
・ロボットは，ぶつけて変形していないか
・各軸ズレ，ガタの確認
・非常停止ボタンの動作確認

・パトライト点灯状態の確認
・教示ペンダント動作とケーブル損傷の確認

●溶接電源・送給経路に関すること

・溶接トーチブラケットにひび割れや欠け，曲がりがないか
・溶接アースの取付部確認
・各センシング機能の動作確認
・ガスホースに破損，ガス漏れ箇所がないか
・溶接ケーブルの取付部確認（しっかりと取り付いているか，ねじの緩みなどがないか）
・溶接電流，アーク電圧，溶接速度の命令値と実効値が整合しているか
・溶接電源の設定は，大丈夫か？（ガス，ワイヤ径，クレータ処理の有無など）
・ノズル清掃などの機器清掃
・ワイヤ送給ローラおよびその周りの点検，清掃
・溶接ケーブルの取付部確認（しっかりと取り付いているか，ねじの緩みなどがないか）
・各部締め付け部の緩み・ガタがないか

●周辺機器に関すること

・コンジットケーブル内の清掃と取回し・被覆の損傷確認
・ノズルクリ－ナ－とノズル交換器の動作確認
・制御盤などのファンの動作確認
・ケーブル・ハーネスなどの断線有無
・ワーククランプジグの動作，損傷確認
・シールドガス流量の確認
・走行車輪の摩耗状態の確認
・コネクタ部が，切れかかっていないか
・冷却水濁りなどの点検循環状況の確認
・データのバックアップ実施電源の確認
・スラグ除去装置の動作確認

第7章 トラブル対応，溶接不完全部（溶接欠陥）の発生とその対策

各トラブルをその要因や結果発生する溶接不完全部（溶接欠陥）の発生を考えるにあたり溶接前（トラブルの項目など）・溶接中（トラブルの項目，溶接現象）・溶接後（溶接の結果）に分ける。

なお，溶接した結果，発生する溶接欠陥は判定基準で許容されないものであり，溶接で発生し欠陥と判断される前のものを溶接不完全部と表現する。

7.1 トラブル対応（溶接前・溶接中・溶接後）

溶接前には主なトラブルや溶接欠陥を防ぐため始業前点検やワークの検査などが必要であり，次の項目をチェックする。

7.1.1 溶接前

a）入力間違い
　ヒューマンエラー
b）センシング電圧の短絡
　溶接ワイヤと母材の短絡など
c）ワイヤタッチセンシングの誤検出
　溶接ワイヤ先端のスラグや母材側の切子など
d）ギャップセンシングの過大・過小検出
　開先精度，開先加工のバリ，防錆剤による通電不良，溶接ワイヤの変形，溶接ワイヤ先端のスラグ，母材側の切子など

7.1.2 溶接中

溶接中には音の変化（異常）を耳で確認し，アークの変化（異常）やスパッタ多発などの異常を目で確認することが重要であり，次の項目をチェックする。

a)ブローホール(ピット)

シールドガスの不足，風，水分，グリセリン，スパッタ付着防止剤など

b)アークスタート不良

ロボットの位置ずれ，溶接ワイヤ先端状況やスラグ，ケーブル断線など

c)アーク不安定

送給不良，シールド不良，チップの摩耗，溶接ワイヤ先端の振れなど

d)狙いずれ

ロボットの位置ずれ，ワークのずれ，溶接ワイヤの曲がりなど

7.1.3　溶接後(溶接不完全部)

溶接後に発見される溶接不完全部(溶接欠陥)から発生原因を追究し，その防止策(是正や改善)を講じなければならない。また，溶接欠陥と判断されたものは定められた補修を行う。

オペレータには次のワークを施工してよいかの判断も併せて要求される。

7.1.4　代表的な溶接トラブルの対応(例)

(1)ワイヤタッチセンシング不良の発生

a)主な要因

・ワイヤタッチセンシング電圧の短絡：絶縁不良

・タッチ面の汚れ：さびや油などの付着

・溶接ワイヤの曲がりや溶接ワイヤ先端にスラグの付着

b)発生する主な溶接不完全部(溶接欠陥)

・アンダカット

・オーバラップ

・融合不良

・溶込不良

・ビード不整

・のど厚不足(余盛不足)，余盛過多

c)対策・対応

・主な要因の排除

＊オペレータが確認し排除することは，オペレータの大事な仕事であり時に前

工程の改善も必要となる。

(2) アーク切れの多発

a) 主な要因

・溶接条件不良(アーク長不良，スパッタ多発など)

・通電不良(チップの摩耗，スラグの付着など)

・溶接ワイヤ不良(ワイヤ傷，曲がり，送給不良など)

b) 対策・対応

・真の原因を追究して，抜本的対策を検討し実行する

(3) ブローホールとピットの発生(**図7.1**)

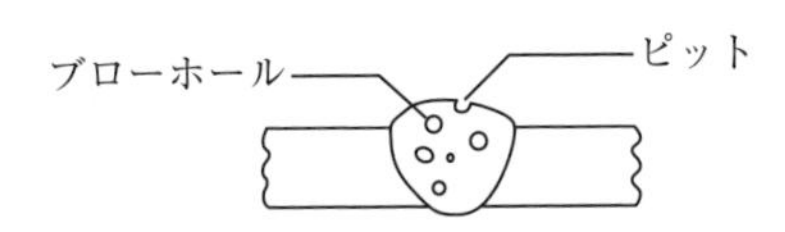

図7.1　ブローホールとピット

a) 主な要因

・ガスシールド不良(ガス流量，風，トーチ不良など)

・溶接面の清掃不良(油分，水分などの汚れ)

・溶接条件不良(アーク不安定，溶接ワイヤ突出し長さ不良)

*これらは，組立て時の不良や母材の前処理不良も影響する。

b) 対策・対応

・始業前点検や定期点検などの確実な実施

・溶接前のワーク確認(必要に応じて前工程との調整)

・溶接条件の確認

・風対策(出入り口の遮断や，衝立の活用など)

*溶接ロボットは調整ができないため一旦欠陥が発生すると連続して発生しやすくなる。オペレータがロボットの目となって，要因を追究し排除しなければならない。

(4)溶込不良，融合不良の発生(**図7.2**)

a)主な要因

・アークが届かない

・狙い位置のずれ

・ウィービング幅が狭い

・ワイヤタッチセンシング不良

・アーク不安定(溶接条件不良，積層形状不良)

・組立て溶接不良(開先内への組立て溶接不良)

・ビード外観形状不良

・開先寸法不良や汚れ

溶込不良（ルート部・初層）
IP（Incomplete Penetration）

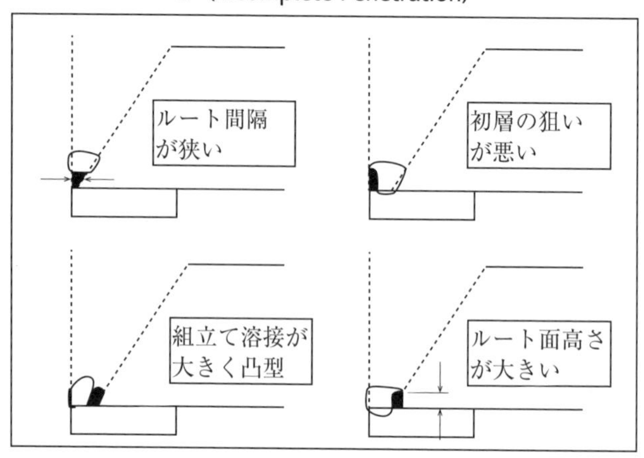

融合不良（中間層）
LF（Lack of Fusion）

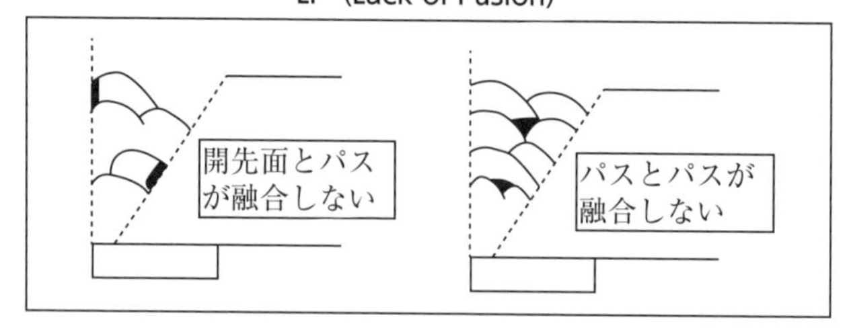

図7.2　溶込不良・融合不良の発生原因

7.2　溶接不完全部(溶接欠陥)の種類

溶接不完全部(溶接欠陥)の種類は**表7.1** に示す。

表7.1　溶接不完全部(溶接欠陥)の種類

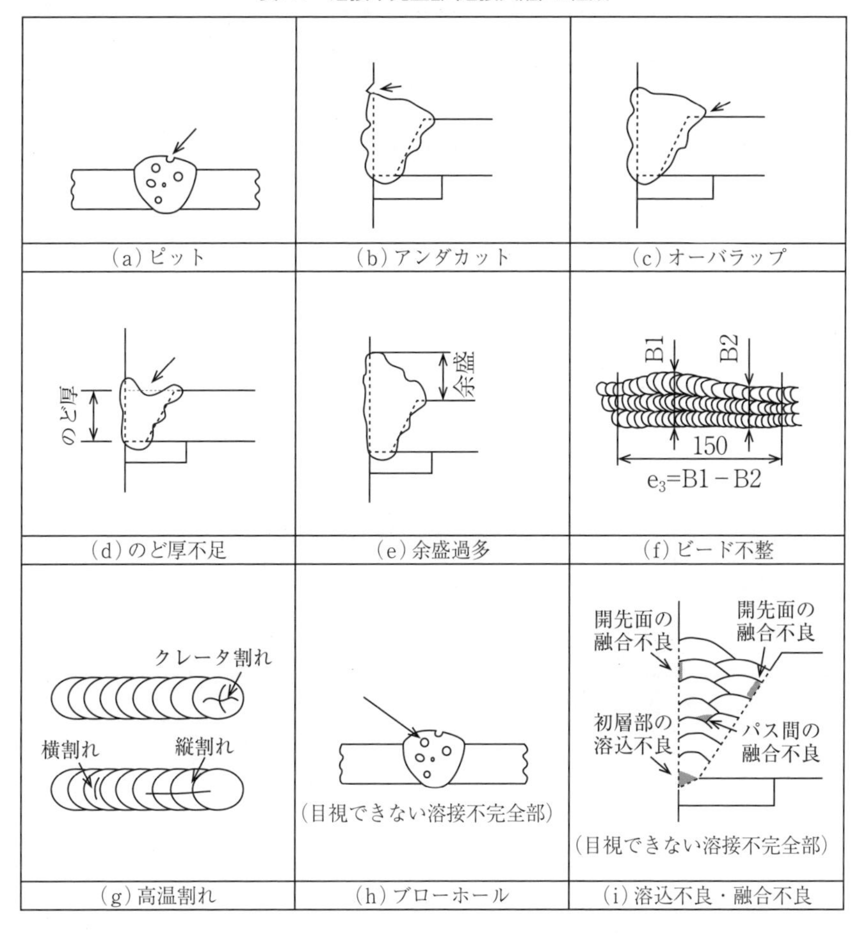

(a) ピット　(b) アンダカット　(c) オーバラップ
(d) のど厚不足　(e) 余盛過多　(f) ビード不整
(g) 高温割れ　(h) ブローホール　(i) 溶込不良・融合不良

7.3　溶接不完全部（溶接欠陥）の発生要因と防止策

溶接不完全部（溶接欠陥）の発生要因と防止策は**表7.2**に示す。

表7.2　溶接不完全部（溶接欠陥）の発生原因と防止策

種類	発生要因	防止策
(a) ピット	・ガスシールド不良 ・溶接面の清掃不良 ・溶接条件不良（アーク不安定，溶接ワイヤ突出し長さ不良）	・始業点検の実施 ・溶接前のワーク確認（特に水分，ごみ） ・シールドガスの適正値管理
(b) アンダカット	・狙い位置ずれ ・溶接ワイヤ送給不良 ・ワイヤタッチセンシング不良 ・溶接条件不良（電流・速度が過大）	・始業点検実施 ・溶接中の監視 ・溶接電流・溶接速度低減
(c) オーバラップ	・狙い位置ずれ ・溶接ワイヤ送給不良 ・ワイヤタッチセンシング不良 ・溶接条件不良（溶接速度が過小）	・始業点検実施 ・溶接中の監視 ・溶接電流を適正に調整 ・溶接速度大
(d) のど厚不足	・溶接ワイヤ送給不良 ・ワイヤタッチセンシング不良（ギャップ過大） ・条件などの入力不良　（板厚過小入力）	・始業点検実施 ・チェックリストなどの活用
(e) 余盛過多	・溶接ワイヤ送給不良 ・ワイヤタッチセンシング不良（ギャップ過小） ・条件などの入力不良（板厚過大入力）	・始業点検実施 ・チェックリストなどの活用
(f) ビード不整	・溶接ワイヤ送給不良 ・チップの摩耗 ・ワイヤタッチセンシング不良 ・溶接過多 ・溶接中にアクシデント	・始業点検実施 ・溶接中の監視
(g) 高温割れ	・ルートギャップ過小 ・溶接条件の不適正 ・溶接処理の不適切（クレータなど）	・ルートギャップを広げる ・溶接条件の検討（必要に応じメーカに相談） ・予熱の検討
(h) ブローホール	本文7.1.4（3）参照	本文7.1.4（3）参照
(i) 溶込不良，融合不良	本文7.1.4（4）参照	本文7.1.4（4）参照

7.4　溶接欠陥の補修方法

溶接欠陥の補修方法は**表7.3**に示す。

表7.3　溶接欠陥の補修方法

欠陥種類	補修方法
(a) ピット	・浅いものはグラインダでなだらかに削り取る ・深いものははつり取った後に溶接を行う。
(b) アンダカット	・深さが1mm以下の場合 　グラインダなどによりカット部分をなだらかに整形する。 ・深さが1mmを超える場合 　カット部分を削り取った後溶接を行う。
(c) オーバラップ	・比較的小さいものはグラインダなどで削除し仕上げる。 ・大きなものははつり取り必要に応じて溶接を行う。
(d) のど厚不足	・ごみ水分などの状況確認後溶接を行う。
(e) 余盛過多	・グラインダなどで削り取る。
(f) ビード不整	・グラインダでビードを整形する。 ・付加溶接でビードをそろえる。
(g) 高温割れ	・割れの両端から50mm以上を除去し，溶接を行う。（割れは完全に除去する。） ・溶接後再検査を行い割れがないことを確認する。 ・溶接がしやすいよう除去の際は形状を船底形に整形する。
(h) ブローホール	・UTで不合格となったものが溶接欠陥であり，割れや融合不良と同等に補修を行う。
(i) 溶込不良，融合不良	・割れと同様に両端から50mm以上を除去し，溶接を行う。 ・欠陥部分は完全にはつり取る。 ・溶接後再検査を行い欠陥が無くなったことを確認する。 ・溶接がしやすいよう除去の際は形状を船底形に整形する。

第8章

建築鉄骨ロボット溶接における安全作業

8.1　産業用ロボットによる災害

機械に起因する労働災害は，死傷者数全体の約4分の1，死亡災害の約3分の1を占め，その原因の8割は機械の安全対策が不十分だったことにより生じている。[1] 産業用ロボットによる災害についても，「挟まれ・巻き込まれ」によるものが60%，年間2～3人が死亡し，死傷災害数は20～30件となっている。発生の状況としては，何らかのトラブルで一時停止している際に，作業者が可動範囲内に侵入してマニピュレータ(ロボットアーム)に挟まれるケースが多く，この要因としては，安全方策として，安全柵の一部がないケースや安全柵扉のインターロックがないか無効化されているなど「保護方策の不適切」が災害に繋がっている。[2]

以上の状況からも，産業用ロボットを使用するにあたっては，十分な安全対策を施した状態で使用することが必要である。

8.2　関係法令や指針

前述のような状況に対し，様々な法令や指針およびガイドラインが策定されている。ここではすべてを記載できないが，産業用ロボットの作業を行うためには，第1章でも記載した通り，労働安全衛生規則第36条第三十一項で定められた業務として，これに関わる従業員に対して労働安全衛生法第59条第3項に規定された「特別教育」を受講させることが事業主に対して義務付けられている。

また，機械設備を起因とする労働災害を防止するため，機械のメーカ，ユーザのそれぞれが実施すべき事項として国際的な安全規格であるISO12100を参考に「機械の包括的な安全基準に関する指針」(厚生労働省労働基準局長通達 平成 19 年 7 月 31 日　基発第 0731001 号）などが示されている。

労働安全衛生法第 3 条第 2 項では「機械その他の設備を設計し製造し，もしくは輸入する者は，機械が使用されることによる労働災害の発生の防止に資するよう努めなければならない。」とし，機械メーカなどにはこの指針に沿って機械を設計製造することを求めている。

労働安全衛生法第 28 条の 2 では，事業者はリスクアセスメントの実施とその結果に基づく措置の実施に努めることしている。つまり，機械のユーザにも，この指針に基づく措置の実施を求めている。

労働安全衛生規則では，**図8.1** のような内容が体系的に示されており，これらに関連する指針やガイドラインを理解し，溶接ロボットおよび建築鉄骨向け溶接ロボットシステムを安全にかつ有効に活用していただきたい。（**図8.2**，**図8.3**）

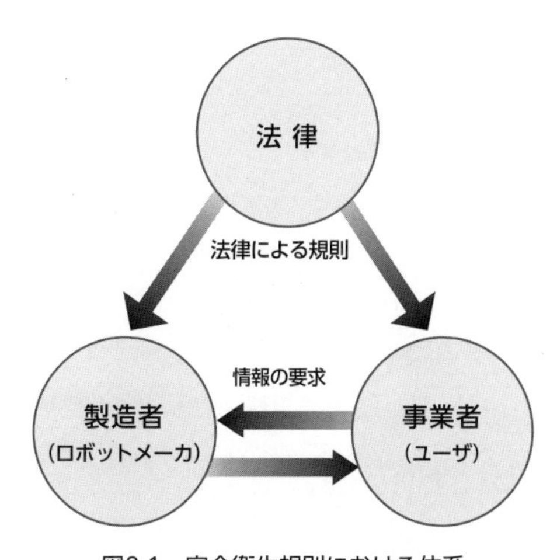

図8.1　安全衛生規則における体系

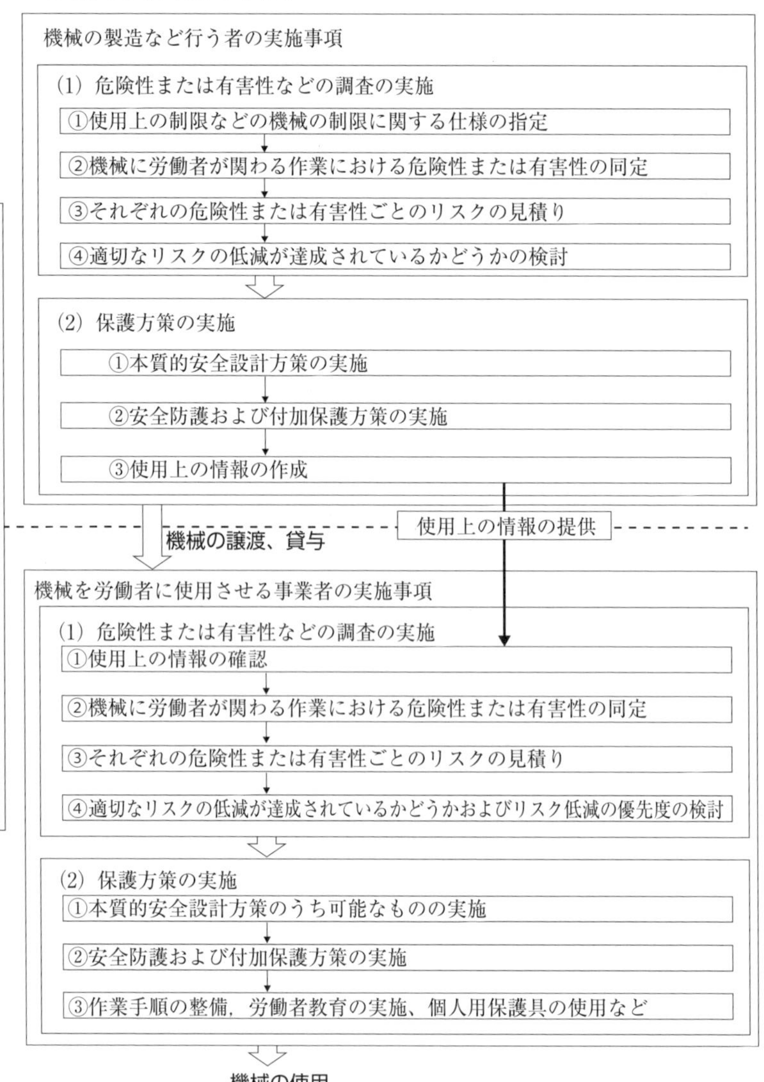

図8.2　機械メーカおよび事業者の役割[3)]

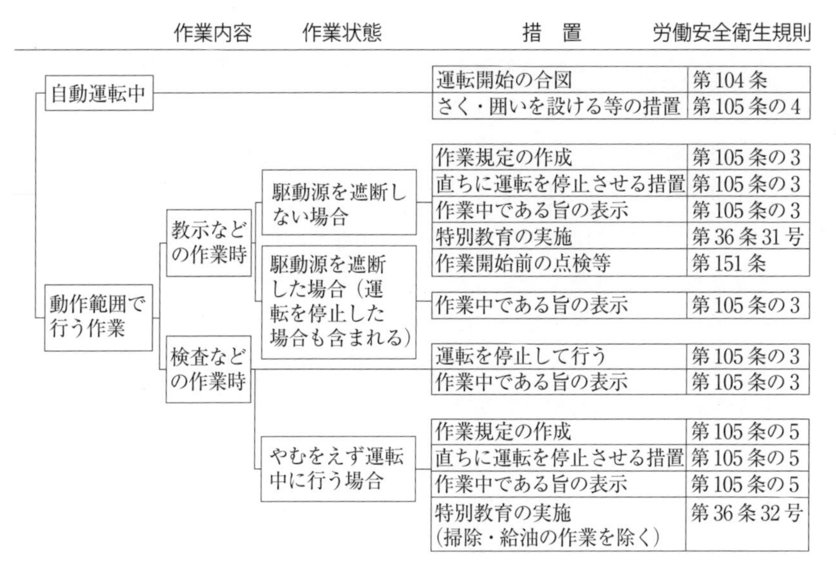

図8.3　労働安全衛生規則の体系

8.3　使用上の措置

実際の仕様環境における安全防護策として，重要となるのが安全柵や安全扉および状態を周囲に示す表示灯などである。

産業用ロボットの運転中の危険を防止するため，労働安全衛生法第20条に基づく労働安全衛生規則第150条の4の規定により，産業用ロボット（定格出力が80W（ワット）を超えるもの）に接触することにより危険が生ずるおそれがあるときは，さく又は囲いなどを設けることとされている。

現在販売されている建築鉄骨向け溶接ロボットについて，小型可搬型タイプを除き，事業者であるファブリケータは，設備の外周にさく又は囲いなどを設けることが求められる。

8.3.1　さく又は囲い（安全柵）[4]

さく又は囲いについては，本質的安全設計方策によっては合理的に除去できないまたはリスクを十分に低減できない危険源に対してリスクの低減のために実施するとされ，安全防護による方策として次の2つとなる。

①ガードの設置により人と危険源を空間的に分ける。(隔離の原則)

②保護装置の設置により人と危険源を時間的に分ける。(停止の原則)

必要な距離に関しては，下記に柵のすき間，高さ，危険源からの距離などが詳細に規定されている。(**図8.4**)

JIS B 9711：2002「機械類の安全性—人体部位が押しつぶされることを回避するための最小すきま」

JIS B 9718：2013「機械類の安全性—危険区域に上肢と下肢が到達することを防止するための安全距離」

JIS B 9715：2013「機械類の安全性—人体部位の接近速度に基づく安全防護物の位置決め」

人体部位が押しつぶされることを回避するための最小すき間(JIS B 9711)

単位：mm

身体部分	最小すき間
人体	500
頭(最悪の位置)	300
脚	180
足	120
つま先	50
腕	120
手･手首･こぶし	100
指	25

安全防護領域と距離などに関するJIS規格

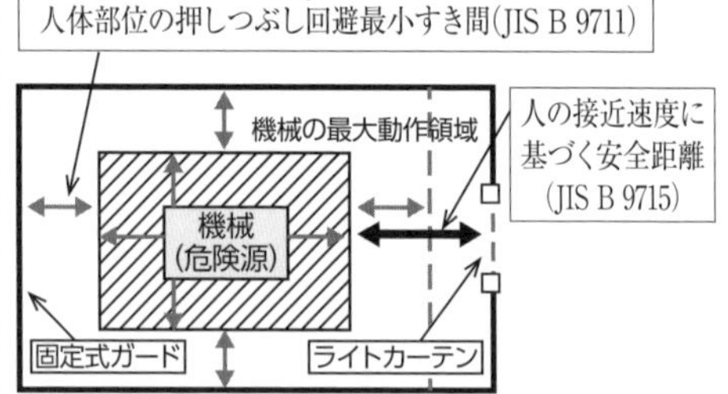

図8.4　柵のすき間，高さ，危険源からの必要な距離

8.3.2　さく又は囲い(安全柵)出入り口に対する措置

安全柵に扉を取り付け，扉を閉じないとロボットシステムの運転を開始(始動)できず，また，運転中に扉を開いた場合にはロボットシステムの運転許可信号が解除され運転が停止するように扉にはインターロック機能を設けることが望ましい。インターロック装置に関しては，JIS B 9710：2006「機械類の安全性—ガードと共同するインターロック装置—設計および選択のための原則」に詳細に規定されている。

8.3.3　状態の表示

安全柵や安全扉のほか，ロボットシステムの運転状態や作業状態を表示することは安全に作業する上で有効である。

ただし，異常や危険な状態が生じたときに作業者や周囲に知らせるサイレン，ブザー，表示灯などは，「使用上の情報」の1つであり，安全装置にはならない。それらは，それが発動して，作業者などがそれに気付いて，回避動作を取ったときに初めて有効になる方策である。つまり作業者などが気付かなかった，あるいは気が付いたが自分とは関係ないと勘違いして回避動作を取らなかったなどの事例が多いことから，有効であるが不確実な方策であることも認識しておく必要がある。

なお，現在用いられている建築鉄骨向け溶接ロボットについて該当するものはないが，産業用ロボットを使用する事業者が，労働安全衛生法第28条の2による危険性などの調査(以下，「リスクアセスメント」という)に基づく措置を実施し，産業用ロボットに接触することにより労働者に危険の生ずるおそれがなくなったと評価できるときは，労働安全衛生規則第150条の4の「労働者に危険が生ずるおそれのあるとき」に該当しないと判断できる。これを解説したリーフレット「産業用ロボットと人との協働作業が可能となる安全基準を明確化しました。」(厚生労働省) によれば，次の2つの場合に人との協働作業が可能とされている(平成25年12月24日付基発1224第2号通達)。

・リスクアセスメントにより危険のおそれがなくなったと評価できるとき
・ISO規格に定める措置を実施した場合

これは，いわゆる「協働ロボット」と呼ばれるものを示す。ただし，上記要件から「協働ロボット」(マニピュレータ単体) を用いたからといってポジショナなどの周辺装置などを組み合わせた装置全体として協働作業が可能と判断できる訳ではない点は注意が必要である。

また，評価および評価結果に関しては，「危険性又は有害性等の調査等に関する指針」(平成18年3月10日付け指針公示第1号) に基づき記録し，保管が必要であり，リスクアセスメントは指針に基づき実施するとともに，指針の9の(3) 前段アの「はさまれ，墜落等の物理的な作用」の危険性による負傷の重篤度およびそれらが発生する可能性の度合の見積りに当たっては，特に以下の事項に留意することが示されている。

①産業用ロボットのマニプレータ等の力及び運動エネルギー

②産業用ロボットのマニプレータ等と周辺構造物に拘束される可能性

③マニプレータ等の形状や作業の状況（突起のあるマニプレータ等が眼などに激突するおそれがある場合，マニプレータ等の一部が鋭利である場合，関節のある産業用ロボットのマニプレータ間にはさまれる可能性がある場合等）

［参考文献］

1）厚生労働省・都道府県労働局・労働基準監督署「機械安全企画を活用して労働災害を防ぎましょう」

2）産業用ロボットによる労働災害の分析とアンケート結果に基づく規則改正の提言「労働安全衛生研究」, Vol. 5, No.1, pp. 3-15, (2012)

3）「機械安全規格を活用して労働災害を防ぎましょう」厚生労働省・都道府県労働局・労働基準監督署

4）「機械安全規格を活用して労働災害を防ぎましょう」厚生労働省・都道府県労働局・労働基準監督署 ※ 8.3.1 項全体の参考文献

第3部

演習問題編

演習問題 1

溶接ロボット

【問題 1.1】

次の文は，溶接ロボットを使うにあたって気を付けるべきことについて述べたものである。最も不適当なものを１つ選び，その番号に○印をつけなさい。

(1) 安全柵の設置，溶接部への風対策，周囲にアーク光が漏れないようにするなど，健全な溶接と安全衛生に配慮した環境とする。

(2) 安全柵には，扉を開けるとロボットシステムが停止するようにインターロック機能などを設ける。

(3) 適切にロボット溶接を行うために，日常点検と定期点検を行う。

(4) 溶接ロボットは，ロボット自身がセンシングなどを行って溶接するため，オペレータに特別な資格や技量は要らない。

【問題 1.2】

次の文は，溶接ロボットを使うにあたって気を付けるべきことについて述べたものである。最も不適当なものを１つ選び，その番号に○印をつけなさい。

(1) 安全柵の設置，溶接部への風対策，周囲にアーク光が漏れないようにするなど，健全な溶接と安全衛生に配慮した環境とする。

(2) 溶接ロボットシステムには，運転状況を示す表示灯を設け，周囲を安全柵で囲っている。

(3) 月に１度，メーカによる点検を行っているため，日々の日常点検は省略している。

(4) 溶接ロボットを適切に用いるためには，溶接対象物の確認などが大切であり，一定の技量や資格が求められる。

【問題 1.3】

次の文は，溶接ロボットの特徴について述べたものである。最も不適当なものを1つ選び，その番号に○印をつけなさい。

(1) 溶接ロボットは決められた動作を繰り返し行うため，一度，溶接欠陥が発生すると同様の不良が生じやすい。
(2) センシング機能を持った溶接ロボットの場合，溶接する位置や長さなどを補正して溶接することができる。
(3) 溶接ロボットはセンシング機能を用いて溶接するため，日常点検で正常であることを確認することが大切である。
(4) ロボット溶接の場合，シールドガスの流量は人の溶接より少なくできる。

【問題 1.4】

次の文は，溶接ロボットの特徴について述べたものである。最も不適当なものを1つ選び，その番号に○印をつけなさい。

(1) 溶接ロボットは決められた動作を自動的に繰り返し行うことができるため，溶接品質のばらつきが少ない。
(2) センシング機能を持った溶接ロボットの場合，溶接する位置や長さなどを補正して溶接することができる。
(3) 溶接ロボットはセンシング機能を用いて溶接するため，日常点検は不要である。
(4) 溶接ヒュームやアーク光などの環境から人の作業エリアを隔離できる。

【問題 1.5】

次の文は，溶接ロボットを使って溶接する理由について述べたものである。最も不適当なものを1つ選び，その番号に○印をつけなさい。

(1) 人が溶接するより能率が向上するため。
(2) 溶接ロボットは保守点検をしなくても問題のない溶接品質が得られるため。
(3) 長期的にみると製作コストが低くできるため。
(4) オペレータが正しく使用すれば溶接部の品質が安定するため。

【問題 1.6】

次の文は，溶接ロボットを使って溶接する一般的な理由について述べたものである。最も不適当なものを１つ選び，その番号に○印をつけなさい。

(1) 生産能力が安定・向上し，工程計画が立て易くなるから。

(2) 連続運転が可能であり，ランニングコストが低減できるから。

(3) 暑い季節でも熱中症などを気にすることなく稼働させることができるから。

(4) 人が溶接するよりも溶接継手の強度やじん性が向上するから。

演習問題 2

建築鉄骨溶接ロボット型式認証・ロボット溶接オペレータ資格認証

【問題 2.1】

次の文は，建築鉄骨溶接ロボット型式認証の認証書について述べたものである。最も不適当なものを１つ選び，その番号に○印をつけなさい。

(1) 使用できる溶接ワイヤの種類と径が記載されている。
(2) 溶接できる板厚範囲は下限値のみが記載されている。
(3) 溶接姿勢が記載されている。
(4) 溶接できる継手の部位が記載されている。

【問題 2.2】

次の文は，建築鉄骨溶接ロボット型式認証の認証書について述べたものである。最も不適当なものを１つ選び，その番号に○印をつけなさい。

(1) 使用できるシールドガスの種別が記載されている。
(2) 溶接姿勢が記載されている。
(3) 使用するエンドタブが記載されている。
(4) 溶接できるルート間隔の範囲は下限値のみが記載されている。

【問題 2.3】

次の文は，建築鉄骨溶接ロボット型式認証の認証書および認証書付属書について述べたものである。最も不適当なものを１つ選び，その番号に○印をつけなさい。

(1) 認証書には，シールドガスの種類が記載されている。
(2) 認証書には，入熱とパス間温度はともに記載されている。
(3) 付属書には，認証試験時の溶接電流および溶接速度のみが記載されている。
(4) 付属書には，板厚ごとのパス数が記載されている。

【問題 2.4】

次の文は，建築鉄骨溶接ロボット型式認証について述べたものである。最も不適当なものを1つ選び，その番号に○印をつけなさい。

(1) 認証書付属書には，認証試験時の溶接施工条件範囲は記載されていない。

(2) 認証書に書かれている認証範囲項目には，開先角度とルート間隔が記載されている。

(3) 型式認証を取得しているロボット機種には，「認証シール」が発行される。

(4) 溶接ワイヤの種類は，認証書に記載のないJIS規格品は使用できない。

【問題 2.5】

別紙の表は，建築鉄骨溶接ロボット型式認証の認証書付属書である。読み取れる内容として，最も不適当なものを1つ選び，その番号に○印をつけなさい。ただし，以下の設問では単位は省略している。

(1) 板厚が9，ルート間隔が4におけるパス数は2パスである。

(2) 板厚が16，ルート間隔が6におけるパス数は6パスである。

(3) 板厚が22，ルート間隔が10におけるパス数は9パスである。

(4) 板厚が25，ルート間隔が4におけるパス数は11パスである。

【問題 2.6】

別紙の表は，建築鉄骨溶接ロボット型式認証の認証書付属書である。読み取れる内容として，最も不適当なものを1つ選び，その番号に○印をつけなさい。ただし，以下の設問では単位は省略している。

(1) 板厚が12，ルート間隔が6におけるパス数は3パスである。

(2) 板厚が19，ルート間隔が4におけるパス数は8パスである。

(3) 板厚が25，ルート間隔が6におけるパス数は11パスである。

(4) 板厚が32，ルート間隔が4におけるパス数は16パスである。

この付属書は一例で，実際の付属書は●●には適した単位が，数字△には適した数値が認証ごとに記入されている。

別紙

認証書付属書

表1　認証試験板厚の溶接条件データ（最小および最大ルート間隔の場合）

板厚（●●）	最小，最大ルート間隔（●●）	溶接電流範囲（●●）	溶接電圧範囲（●●）	溶接速度範囲（●●）	パス数
12	4	280 ～ 320	31 ～ 36	42 ～ 26	3
	10	280 ～ 310	31 ～ 36	17 ～ 24	
32	4	280 ～ 320	31 ～ 36	26 ～ 37	15
	10	330 ～ 385	33 ～ 38	26 ～ 37	17
定常状態の溶接条件データ測定値を記載している。					

表2　認証試験時データから想定された溶接施工条件範囲

板厚（●●）	最小，6●●，最大ルート間隔(●●)	溶接電流範囲（●●）	溶接電圧範囲（●●）	溶接速度範囲（●●）	パス数
9	4	230 ～ 350	25 ～ 40	20 ～ 45	2
	6	230 ～ 350	25 ～ 40	15 ～ 45	
	10	230 ～ 350	25 ～ 40	15 ～ 40	
12	4	230 ～ 350	25 ～ 40	20 ～ 45	3
	6	230 ～ 350	25 ～ 40	15 ～ 45	
	10	230 ～ 350	25 ～ 40	15 ～ 40	
16	4	230 ～ 380	25 ～ 40	20 ～ 60	6
	6	230 ～ 380	25 ～ 40	15 ～ 55	
	10	230 ～ 380	25 ～ 40	15 ～ 45	
19	4	230 ～ 380	25 ～ 40	20 ～ 60	8
	6	230 ～ 380	25 ～ 40	15 ～ 55	
	10	230 ～ 380	25 ～ 40	15 ～ 45	9
22	4	240 ～ 400	25 ～ 41	20 ～ 60	9
	6	240 ～ 400	25 ～ 41	15 ～ 55	
	10	240 ～ 400	25 ～ 41	15 ～ 45	10
25	4	240 ～ 400	25 ～ 41	20 ～ 60	11
	6	240 ～ 400	25 ～ 41	15 ～ 55	
	10	240 ～ 400	25 ～ 41	15 ～ 45	12
28	4	240 ～ 400	25 ～ 41	20 ～ 60	13
	6	240 ～ 400	25 ～ 41	15 ～ 55	
	10	240 ～ 400	25 ～ 41	15 ～ 45	14
32	4	240 ～ 400	25 ～ 41	20 ～ 60	15
	6	240 ～ 400	25 ～ 41	15 ～ 55	16
	10	240 ～ 400	25 ～ 41	15 ～ 45	17
36	4	240 ～ 400	25 ～ 41	20 ～ 60	19
	6	240 ～ 400	25 ～ 41	15 ～ 55	20
	10	240 ～ 400	25 ～ 41	15 ～ 45	21
40	4	240 ～ 400	25 ～ 41	20 ～ 60	21
	6	240 ～ 400	25 ～ 41	15 ～ 55	22
	10	240 ～ 400	25 ～ 41	15 ～ 45	23

パス数は，表2に記載の10%増までのパス数を認める（小数点以下は切り上げ)。
角形鋼管と通しダイアフラムの場合は直線部の溶接施工条件範囲を記載している。
※この溶接施工条件範囲は、認証書に記載された溶接条件（入熱△△●●以下、パス間温度△△△●●以下）で使用しなければならない。
※複数継手溶接には単継手溶接を含む。
※鉄骨システムソフトウェア Ver △.△△以降

【問題 2.7】

次の文は，建築鉄骨溶接ロボット型式認証制度について述べたものである。最も不適当なものを１つ選び，その番号に○印をつけなさい。

(1) 溶接ロボットを用いた溶接品質の確保のために，この制度が設けられた。
(2)（一社）日本溶接協会規格および（一社）日本ロボット工業会規格に基づいて行われている。
(3) JIS（日本産業規格）に基づいて行われている。
(4) 溶接ロボット型式認証はメーカ仕様に対してその妥当性を認証している。

【問題 2.8】

次の文は，建築鉄骨溶接ロボット型式認証について述べたものである。最も不適当なものを１つ選び，その番号に○印をつけなさい。

(1) 型式認証は，（一社）日本溶接協会が審査し，認証書を発行している。
(2) 型式認証にはルート間隔の範囲が記載されている。
(3) 型式認証には開先角度が記載されている。
(4)（一社）日本溶接協会規格および（一社）日本ロボット工業会規格に基づいて行われている。

【問題 2.9】

次の文は，建築鉄骨溶接ロボット型式認証について述べたものである。最も不適当なものを１つ選び，その番号に○印をつけなさい。

(1) 型式認証は，（一社）日本ロボット工業会が審査し，認証書を発行している。
(2) 型式認証におけるルート間隔の範囲には下限値のみが記載されている。
(3) 型式認証には使用できる鋼材が記載されている。
(4)（一社）日本溶接協会規格および（一社）日本ロボット工業会規格に基づいている。

【問題 2.10】

次の文は，建築鉄骨ロボット溶接オペレータ技術検定について述べたものである。最も不適当なものを１つ選び，その番号に○印をつけなさい。

(1) 溶接ロボットを用いた溶接品質の確保のために，この技術検定が設けられた。
(2) (一社)日本溶接協会規格に基づいて行われている。
(3) (一社)日本ロボット工業会規格に基づいて行われている。
(4) 型式認証された溶接ロボットシステムの仕様範囲内での適格性を検定している。

【問題 2.11】

次の文は，建築鉄骨溶接ロボット型式認証の認証書に記載されている認証範囲について述べたものである。最も不適当なものを1つ選び，その番号に○印をつけなさい。

(1) シールドガスの種類が CO_2 の場合は，YGW11 または YGW18 は使える。
(2) ルート間隔の認証範囲は，上限は厳守しなくてもよい。
(3) シールドガスの種類が CO_2 であれば，YGW15 は使えない。
(4) 溶接ワイヤは種類と径が記載されている。

【問題 2.12】

次の文は，建築鉄骨溶接ロボット型式認証の認証書および付属書の記載について述べたものである。最も不適当なものを1つ選び，その番号に○印をつけなさい。

(1) 鋼材の強度の単位は N/mm^2 である。
(2) 入熱の単位は kJ である。
(3) 溶接電流の単位は A である。
(4) ルート間隔の単位は mm である。

【問題 2.13】

次の文は，建築鉄骨溶接ロボット型式認証の認証書の記載について述べたものである。最も不適当なものを1つ選び，その番号に○印をつけなさい。

(1) 鋼材の強度の単位は N である。
(2) 入熱の単位は kJ/cm である。
(3) パス間温度の単位は℃である。
(4) 板厚の単位は mm である。

【問題 2.14】

次の文は，産業用ロボット安全衛生特別教育について述べたものである。最も不適当なものを１つ選び，その番号に○印をつけなさい。

(1) 特別教育は，３年で更新の必要がある。
(2) 教育時間は，10 時間以上必要である。
(3) 教育の記録は，３年間保管する必要がある。
(4) ロボットメーカから特別教育の修了証が発行される。

【問題 2.15】

次の文は，建築鉄骨ロボット溶接オペレータ技術検定試験の基本級について述べたものである。最も不適当なものを1つ選び，その番号に○印をつけなさい。

(1) 溶接姿勢には「下向(F)」と「横向(H)」がある。
(2) エンドタブの種類には「スチールタブ(S)」「代替タブ(F)」「なし(N)」がある。
(3) 継手の区分には「角形鋼管と通しダイアフラム(SD)」がある。
(4) 継手の区分には「柱と梁フランジ(PP)」がある。

【問題 2.16】

次の文は，建築鉄骨ロボット溶接オペレータ技術検定試験の基本級について述べたものである。最も不適当なものを1つ選び，その番号に○印をつけなさい。

(1) 口述試験に代わる筆記試験Ⅱと実技試験Ⅱがある。
(2) 検定試験には筆記試験と口述試験がある。
(3) 検定試験の口述試験は日本語で行われる。
(4) 検定試験は日本語ができないと受験できない。

【問題 2.17】

次の文は，建築鉄骨ロボット溶接オペレータ技術検定試験の専門級について述べたものである。最も不適当なものを1つ選び，その番号に○印をつけなさい。

(1) 溶接姿勢には「横向(H)」がある。

(2) 検定試験は筆記試験と実技試験であるが，実技試験には免除規定がある。

(3) 継手の区分には「溶接組立箱形断面柱と角形鋼管(BS)」がある。

(4) エンドタブの種類には「コーナータブ(C)」がある。

【問題 2.18】

次の文は，建築鉄骨ロボット溶接オペレータ技術検定試験の専門級について述べたものである。最も不適当なものを1つ選び，その番号に○印をつけなさい。

(1) 溶接姿勢には「横向(H)」,「立向(V)」,「上向(O)」の３姿勢がある。

(2) 検定試験には筆記試験と実技試験があるが，実技試験には免除規定がある。

(3) 継手の区分には「角形鋼管と角形鋼管(SS)」がある。

(4) 型式認証書に特記事項としてビード継ぎ目部の処理が必要な資格種類は，実技試験の免除規定はない。

【問題 2.19】

次の文は，建築鉄骨ロボット溶接オペレータについて述べたものである。最も不適当なものを１つ選び，その番号に○印をつけなさい。

(1) JISの溶接技能者の資格を有することが要求されている。

(2) 専門級の受験には，AW検定における有資格者が要求される。

(3) 溶接ロボットにおける経験が少ない場合，ロボットメーカが実施する特別教育を受講すれば，建築鉄骨ロボット溶接オペレータ試験を受験することができる。

(4) 建築鉄骨溶接ロボット型式認証の範囲内であるかどうか，オペレータは確認する必要がある。

演習問題 3

建築鉄骨で使用される主な鋼材と溶接材料

【問題 3.1】

次の文は，H形断面鋼について述べたものである。最も不適当なものを1つ選び，その番号に○印をつけなさい。

(1) H形断面鋼には強軸と弱軸があるが，曲げ耐力はどちらも同じである。
(2) 圧延されたH形鋼と溶接組立されたH形断面鋼がある。
(3) 圧延H形鋼には内法一定H形鋼と外法一定H形鋼がある。
(4) H形鋼には公差内でフランジの折れが生じていることがある。

【問題 3.2】

次の文は，降伏比について述べたものである。最も不適当なものを1つ選び，その番号に○印をつけなさい。

(1) 降伏比は，降伏点／伸びの比である。
(2) 降伏比は，降伏点／引張強さの比である。
(3) 降伏比は，小さくなるほど変形能力が大きくなる。
(4) 降伏比は，伸び20%，降伏点が400 N/mm^{2}で引張強さが500 N/mm^{2}の場合，80%である。

【問題 3.3】

次の文は，厚さが16 mmを超えて40 mm以下の鋼材規格について述べたものである。最も不適当なものを1つ選び，その番号に○印をつけなさい。

(1) SS400の引張強さは，400 N/mm^{2}以上である。
(2) SS400の降伏点は，235 N/mm^{2}以上である。
(3) SM490の引張強さは，490 N/mm^{2}以上である。
(4) SM490の降伏点は，325 N/mm^{2}以上である。

【問題 3.4】

次の文は，厚さが 16 mm を超えて 40 mm 以下の鋼材規格について述べたものである。最も不適当なものを 1 つ選び，その番号に○印をつけなさい。

(1) SN490 B の引張強さは，490 N/mm^2 以上である。
(2) SN490 B の降伏点は，315 N/mm^2 以上である。
(3) SN400 B の引張強さは，400 N/mm^2 以上である。
(4) SN400 B の降伏点は，235 N/mm^2 以上である。

【問題 3.5】

次の文は，厚さ 19 mm の鋼材の規格下限値について述べたものである。最も不適当なものを 1 つ選び，その番号に○印をつけなさい。

(1) SN400 B と SN490 B では，SN490 B の方が降伏点は高い。
(2) SM490 B と SN490 B では，SN490 B の方が降伏点は高い。
(3) SM400 A と SN400 A では，降伏点は同じである。
(4) SM490 A と SN490 B では，降伏点は同じである。

【問題 3.6】

次の文は，建築鉄骨に使用する鋼材の種類について述べたものである。最も不適当なものを 1 つ選び，その番号に○印をつけなさい。

(1) SS400 は，一般溶接構造用圧延鋼材である。
(2) BCP325 は，建築構造用冷間プレス成形角形鋼管である。
(3) BCR295 は，建築構造用冷間ロール成形角形鋼管である。
(4) SN490 B は，建築構造用圧延鋼材である。

【問題 3.7】

次の文は，建築鉄骨に使用する鋼材の特徴について述べたものである。最も不適当なものを 1 つ選び，その番号に○印をつけなさい。

(1) SN490 の方が SN400 よりも引張強さが高い。
(2) SS400 は，SN400 B より溶接性にすぐれている。
(3) SN400 B の方が SN400 A よりも溶接性にすぐれている。
(4) SN490 C は，通しダイアフラム部材として適している。

【問題 3.8】

次の文は，建築鉄骨に使用する鋼材について述べたものである。最も不適当なものを1つ選び，その番号に○印をつけなさい。

(1) SN400Aは，溶接用の鋼材としては適していない。
(2) 通しダイアフラムやベースプレート用の鋼材には，SN490Cが適している。
(3) SN490Cは，りん(P)含有量やいおう(S)含有量が少なく，溶接割れが発生しにくい。
(4) SN400Aは，炭素当量が低く溶接性がよいので大梁用の溶接用鋼材に適している。

【問題 3.9】

次の文は，建築鉄骨に使用する鋼材について述べたものである。最も不適当なものを1つ選び，その番号に○印をつけなさい。

(1) SN材のC種は，厚さ方向の絞り値を規定している。
(2) SN材のC種は，B種に比べてりん(P)含有量といおう(S)含有量が低く抑えられている。
(3) SM490Aは，SN490Bより炭素(C)含有量の上限値が低く抑えられている。
(4) SS材よりSN材の方が建築鉄骨用の鋼材として適している。

【問題 3.10】

次の文は，SN材について述べたものである。最も不適当なものを1つ選び，その番号に○印をつけなさい。

(1) SN400材には，SN400A，SN400B，SN400Cがある。
(2) SN490材には，SN490A，SN490B，SN490Cがある。
(3) SN400Bは，炭素含有量に上限が規定されている。
(4) SN490Cは，厚さ16mm以上の場合，降伏点に上限が規定されている。

【問題 3.11】

次の文は, SN材について述べたものである。最も不適当なものを1つ選び, その番号に○印をつけなさい。

(1) SN400Aは, シャルピー衝撃値の規定がない。

(2) SN400Bは, 降伏点の上限値が355N/mm² である。

(3) SN490Aは, 降伏比の上限値が80%である。

(4) SN490Bは, 引張強さの上限値が610N/mm² である。

【問題 3.12】

次の文は, SN材について述べたものである。最も不適当なものを1つ選び, その番号に○印をつけなさい。

(1) SN400Aは, 溶接接合には適していない。

(2) SN400Bは, 降伏比の下限値がある。

(3) SN490Bは, シャルピー衝撃値の規定がある。

(4) SN490Cは, 厚さ方向の規定値がある。

【問題 3.13】

次の文は, SN材について述べたものである。最も不適当なものを1つ選び, その番号に○印をつけなさい。

(1) 厚さ19mmのSN400Aは, シャルピー衝撃値の規定がない。

(2) 厚さ9mmのSN400Bは, シャルピー衝撃値の規定がない。

(3) 厚さ16mmのSN490Bは, シャルピー衝撃値の規定がある。

(4) 厚さ12mmのSN490Cは, シャルピー衝撃値の規定がある。

【問題 3.14】

次の文は, (一社)日本鉄鋼連盟規格である大臣認定品BCR295の特徴について述べたものである。最も不適当なものを1つ選び, その番号に○印をつけなさい。

(1) BCR295の引張強さの下限値は, 295N/mm² である。

(2) BCR295の降伏点の下限値は, 295N/mm² である。

(3) BCR295の降伏点の上限値は, 445N/mm² である。

(4) BCR295は冷間ロール成形角形鋼管である。

【問題 3.15】

次の文は，(一社)日本鉄鋼連盟規格である大臣認定品 BCP325 の特徴について述べたものである。最も不適当なものを1つ選び，その番号に○印をつけなさい。

(1) BCP325 の引張強さの下限値は，490 N/mm² である。

(2) BCP325 の降伏点の下限値は，325 N/mm² である。

(3) BCP325 の降伏点の上限値は，400 N/mm² である。

(4) BCP325 は冷間プレス成形角形鋼管である。

【問題 3.16】

次の文は，溶接用ワイヤについて述べたものである。最も不適当なものを1つ選び，その番号に○印をつけなさい。

(1) YGW11 は，400 N/mm² 級の鋼材にしか使用してはいけない。

(2) YGW11 と YGW18 は，シールドガスとして CO_2 が使われる。

(3) YGW18 と YGW19 では，入熱およびパス間温度は同じ扱いでよい。

(4) YGW11 より YGW18 の方が，入熱およびパス間温度を高い値で管理することができる。

【問題 3.17】

次の文は，溶接用ワイヤについて述べたものである。最も不適当なものを1つ選び，その番号に○印をつけなさい。

(1) YGW11，YGW18 は，一般に炭酸ガスをシールドガスとして使う溶接用ワイヤである。

(2) YGW18 の方が YGW11 よりも溶着金属の引張強さが高い。

(3) 溶接用ワイヤの選定には，母材の鋼種，入熱およびパス間温度，溶接姿勢などは考慮しない。

(4) 溶接ロボットには，ソリッドワイヤが使用されることが多い。

【問題 3.18】

次の文は，溶接用ワイヤについて述べたものである。最も不適当なものを1つ選び，その番号に○印をつけなさい。

(1) YGW11 に比べて YGW18 の方が同一の溶接条件では溶接部の引張強さが高い。
(2) YGW11 に比べて YGW18 の方が同一の溶接条件では溶接部のじん性がよい。
(3) YGW11 に比べて YGW18 の方が大きい入熱での溶接が可能である。
(4) YGW11 に比べて YGW18 の方がパス間温度の上限値は低い。

【問題 3.19】

次の文は，溶接用ワイヤについて述べたものである。最も不適当なものを1つ選び，その番号に○印をつけなさい。

(1) YGW11 に比べて YGW18 の方が同一の溶接条件では溶接部の引張強さが高い。
(2) YGW11 に比べて YGW18 の方が同一の溶接条件では溶接部のじん性がよい。
(3) YGW11 に比べて YGW18 の方が入熱の上限値は小さい。
(4) YGW11 に比べて YGW18 の方が高いパス間温度での溶接が可能である。

【問題 3.20】

次の溶接用語のうち，溶接入熱を算定する上で最も不適当なものを1つ選び，その番号に○印をつけなさい。

(1) 溶接電流
(2) アーク電圧
(3) 溶接速度
(4) パス間温度

【問題 3.21】

溶接入熱を決める3つの因子の関係で，最も不適当なものを1つ選び，その番号に○印をつけなさい。

(1) 溶接電流が大きくなると，溶接入熱は大きくなる。
(2) アーク電圧が低くなると，溶接入熱は小さくなる。
(3) 溶接入熱は，アーク電圧×溶接電流を溶接速度で割ったものである。
(4) 溶接入熱は，溶接電流×アーク電圧を溶接時間で割ったものである。

【問題 3.22】

次の文は，溶接部のじん性について述べたものである。最も不適当なものを1つ選び，その番号に○印をつけなさい。

(1) 溶接入熱の管理範囲内で溶接を行うことにより，溶接部のじん性を確保することができる。

(2) 溶接入熱が小さくなると，母材側のじん性が低くなる。

(3) 溶接入熱が大きくなると，溶接部のじん性が低くなる。

(4) 溶接部のじん性が低くなることにより，建物の耐震性が低下する。

【問題 3.23】

次の文は，溶接入熱の管理方法について述べたものである。最も不適当なものを1つ選び，その番号に○印をつけなさい。

(1) 溶接入熱の上限値は YGW11 よりも YGW18 の方が大きく設定できる。

(2) 溶接入熱には上限値のみ規定があり，小さければ小さいほど良い。

(3) 溶接入熱は，溶接電流およびアーク電圧と溶接速度で管理することができる。

(4) 溶接入熱は，簡易的にパス数で管理することができる。

【問題 3.24】

次の文は，パス間温度について述べたものである。最も不適当なものを1つ選び，その番号に○印をつけなさい。

(1) パス間温度管理は溶接電流とアーク電圧を測定する。

(2) 測定には，接触温度計，温度チョーク，非接触温度計，熱電対などを用いる。

(3) パス間温度管理は，溶接線の中央で，開先の縁から10mm離れた位置で行う。

(4) パス間温度は，溶接するパス直前の最低温度のことである。

【問題 3.25】

次の文は，パス間温度について述べたものである。最も不適当なものを1つ選び，その番号に○印をつけなさい。

(1) 5層8パスの溶接部では，パス間温度として7回計測して記録した。

(2) 測定には，接触温度計，温度チョーク，非接触温度計，熱電対などを用いる。
(3) パス間温度管理は，溶接線の中央で，開先の縁から20mm離れた位置で行う。
(4) パス間温度は，溶接するパス直前の最低温度のことである。

【問題 3.26】

次の文は，パス間温度と強度・じん性の関係について述べたものである。最も不適当なものを1つ選び，その番号に○印をつけなさい。
(1) パス間温度が低くなると，溶接部の強度は高くなる。
(2) パス間温度が低くなると，母材の強度が高くなる。
(3) パス間温度が高くなると，溶接部のじん性は低くなる。
(4) パス間温度が高くなると，母材のじん性は変わらない。

【問題 3.27】

次の文は，パス間温度について述べたものである。最も不適当なものを1つ選び，その番号に○印をつけなさい。
(1) パス間温度が低くなると，溶接金属の強度は高くなる。
(2) パス間温度が低くなると，溶接金属のじん性が高くなる。
(3) パス間温度が低くなると，溶接作業時間は長くなる。
(4) パス間温度が低くなると，溶接するパス数が多くなる。

【問題 3.28】

次の文は，パス間温度と強度の関係について述べたものである。最も不適当なものを1つ選び，その番号に○印をつけなさい。
(1) パス間温度を管理することにより，溶接部の強度を確保することができる。
(2) パス間温度が同じであると，YGW11よりもYGW18を使用した方が溶接部の強度は高くなる。
(3) 冷間成形角形鋼管は曲げ加工を受ける角部の強度が上がるため，パス間温度の管理値は低く設定されている。
(4) 適切な強度を確保するために，パス間温度の下限値が規定されている。

【問題 3.29】

次の文は，入熱とパス間温度の管理について述べたものである。最も不適当なものを1つ選び，その番号に○印をつけなさい。

(1) 溶接する鋼材と溶接材料の組合せに合わせて入熱とパス間温度が規定されている。

(2) YGW11 の 490 N/mm² 級の鋼板のパス間温度の管理値は 400 N/mm² 級の鋼板よりも厳しい値となる場合が多い。

(3) パス間温度の管理値または，入熱の管理値のどちらかを守ればよい。

(4) YGW18 は強度・じん性が YGW11 よりも高いため，入熱の管理値は大きく設定される場合が多い。

演習問題 4

建築鉄骨の製作

【問題 4.1】

次の文は，スカラップについて述べたものである。最も不適当なものを1つ選び，その番号に○印をつけなさい。

(1) スカラップは，溶接線を交差させないために設ける。
(2) 柱梁接合部の梁ウェブのスカラップ形状は，必ず1/4円である。
(3) ノンスカラップ工法は，スカラップを設けない工法である。
(4) スカラップ底は，応力集中しやすい箇所である。

【問題 4.2】

次の文は，ノンスカラップ工法について述べたものである。最も不適当なものを1つ選び，その番号に○印をつけなさい。

(1) ノンスカラップ工法による柱梁接合部は，力学的性能がすぐれている。
(2) 梁スパン中央部の補強リブプレートには，必ずノンスカラップ工法を用いる。
(3) ノンスカラップ工法は，溶接線が交差する。
(4) 現場溶接時の梁の下フランジは，ノンスカラップ工法が採用しにくい。

【問題 4.3】

次の文は，エンドタブにおける代替タブについて述べたものである。最も不適当なものを1つ選び，その番号に○印をつけなさい。

(1) 代替タブには，フラックス製やセラミックス製がある。
(2) 代替タブを使用した溶接の場合，スチールタブに比べ溶接量が多くなる。
(3) 代替タブを使用した溶接の場合，端部に欠陥が生じやすい。
(4) 代替タブは，開先形状や厚さにあわせて，タブ形状を使い分けなければならない。

【問題 4.4】

次の文は，エンドタブについて述べたものである。最も不適当なものを1つ選び，その番号に○印をつけなさい。

(1) アークスタート時は，溶込不良が発生しやすいため，スチールタブを設けて母材内の発生を防ぐ。

(2) アークエンド時は，クレータ割れが生じやすいため，スチールタブ内でクレータ処理を行う。

(3) スチールタブは，母材表面に溶接して取り付ける。

(4) JASS 6 によると，設計図書に特記がなければスチールタブは溶接終了後に切断しなくてもよい。

【問題 4.5】

次の図は，梁貫通形式の柱梁溶接接合部の構成である。(1) から (4) の名称のうち，最も不適当なものを1つ選び，その番号に○印をつけなさい。

(1) スカラップ

(2) 内ダイアフラム

(3) 梁フランジ

(4) 裏当て金

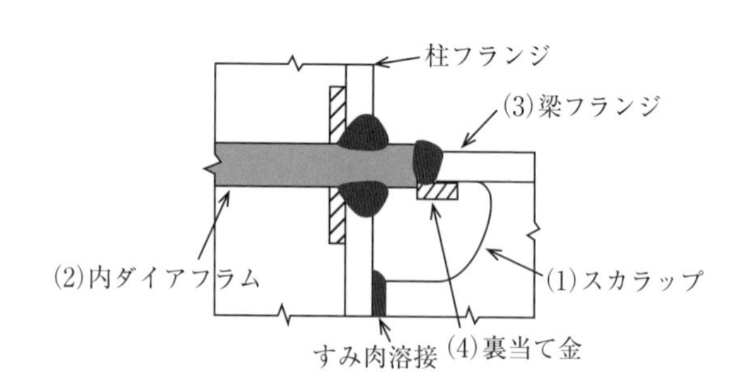

【問題 4.6】

次の図は，柱貫通形式の柱梁溶接接合部の構成である。(1) から (4) の名称のうち，最も不適当なものを1つ選び，その番号に○印をつけなさい。

(1) スカラップ

(2) 通しダイアフラム

(3) 梁フランジ

(4) 裏当て金

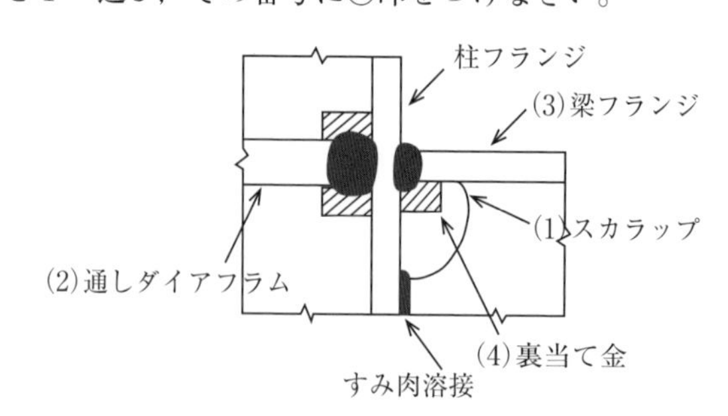

【問題 4.7】

次の文は，（一社）日本建築学会の鉄骨工事技術指針に記述されている通しダイアフラムについて述べたものである。最も不適当なものを1つ選び，その番号に○印をつけなさい。

(1) 梁フランジの厚さが25mmの場合，通しダイアフラムの厚さは32mm程度が望ましい。

(2) 梁フランジと通しダイアフラムは，完全溶込み溶接の突合せ継手である。

(3) 通しダイアフラムの鋼材は，柱フランジと梁フランジの強度に対応したSN材のC種を用いるのが望ましい。

(4) 柱貫通形式の柱梁接合部で，コラムなどの閉鎖断面柱の内側に取り付けたダイアフラムを通しダイアフラムという。

【問題 4.8】

次の文は，裏当て金について述べたものである。最も不適当なものを1つ選び，その番号に○印をつけなさい。

(1) 裏当て金に，SN材を使用する。

(2) 柱梁接合部において裏当て金への組立て用の隅肉溶接は，長さ40mm～60mm程度とする。

(3) レ形開先の完全溶込み溶接に裏当て金を用いる。

(4) 裏当て金は，母材に密着しないほうがよい。

【問題 4.9】

次の文は，鋼材の塗色による識別方法について述べたものである。最も不適当なものを1つ選び，その番号に○印をつけなさい。

(1) SN鋼材の材質識別表示記号は，JSSC（(一社) 日本鋼構造協会）の鋼材の識別表示標準がある。

(2) 切断加工後の鋼材は，塗色や記号表示などにより識別を行うことが重要である。

(3) 必要な寸法形状に加工した部材は，識別管理の必要がない。

(4) 鋼材の識別方法は，社内工作基準等で定めている工場が多い。

【問題 4.10】

次の文は，溶接用のシールドガスについて述べたものである。最も不適当なものを1つ選び，その番号に○印をつけなさい。

(1) 溶接ワイヤ YGW19 を使用して，80%Ar + 20%CO_2 を使った。
(2) 溶接ワイヤ YGW11 を使用して，80%Ar + 20%CO_2 を使った。
(3) 溶接ワイヤ YGW18 を使用して，CO_2 を使った。
(4) 溶接ワイヤ YGW15 を使用して，80%Ar + 20%CO_2 を使った。

【問題 4.11】

次の文は，建築鉄骨溶接ロボット型式認証において，エンドタブについて述べたものである。最も不適当なものを1つ選び,その番号に○印をつけなさい。

(1) スチールタブは，一種の捨て金なので材質はどんなものでもよい。
(2) 代替タブは，溶接不完全部が発生しやすい始終端部が母材幅内に位置するので，適切な始端および終端の処理を行う必要がある。
(3) エンドタブには，スチールタブと代替タブとがある。
(4) スチールタブの材質が母材と同じであっても，組立て溶接を直接母材表面に行ってはいけない。

【問題 4.12】

次の文は，裏当て金について述べたものである。最も不適当なものを1つ選び，その番号に○印をつけなさい。

(1) 裏当て金は，溶接性に問題がない鋼材を使用しなければならない。
(2) 裏当て金の鋼種は，母材と同一の鋼種を使用しなければならない。
(3) 母材が SN490B および SN490C の場合，裏当て金は SN490B を使った。
(4) 裏当て金は，完全溶込み溶接の初層で，溶接金属が溶落ちないために用いる。

【問題 4.13】

次の文は，完全溶込み溶接のルート間隔について述べたものである。最も不適当なものを1つ選び，その番号に○印をつけなさい。

(1) ルート間隔は，裏当て金を用いる継手のみに存在する。

(2) ルート間隔は，溶接技能者が自由に決めてはいけない。
(3) ルート間隔は，適切に溶接するのに必要な間隔である。
(4) ルート間隔は，溶接が行われる開先の底の間隔のことを示す。

【問題 4.14】

次の文は，ガスボンベの色について述べたものである。最も不適当なものを1つ選び，その番号に○印をつけなさい。
(1) 80％アルゴン＋20％炭酸ガスの混合ガスのボンベの色は，黒色である。
(2) 炭酸ガスのボンベの色は，緑色である。
(3) アセチレンのボンベの色は，かっ色である。
(4) プロパンのボンベの色は，ねずみ色である。

【問題 4.15】

次の図は，開先形状各部の用語について説明したものである。最も不適当なものを1つ選び，その番号に○印をつけなさい。
(1) aは，ルート面という。
(2) bは，ルート間隔という。
(3) cは，開先角度という。
(4) dは，開先角度という。

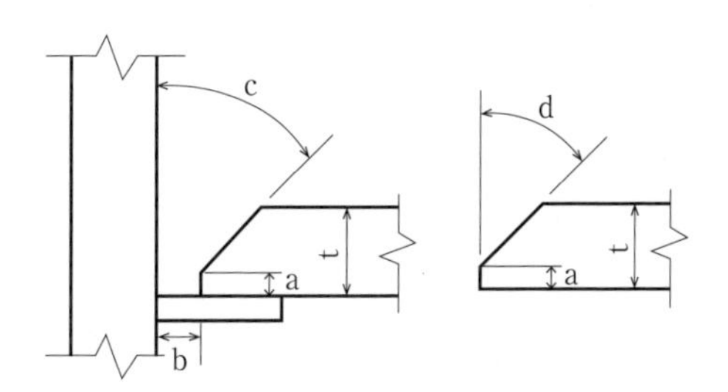

【問題 4.16】

次の文は，JASS 6に従って行った組立て溶接について述べたものである。最も不適当なものを1つ選び，その番号に○印をつけなさい。
(1) 組立て溶接長さの最小値は，溶接する部材の厚さの範囲によって決まっている。
(2) 組立て溶接長さは，厚さに関係なく20mm程度のショートビードでもよい。
(3) 作業場の気温が−5℃～＋5℃のときは，適切にウォームアップや予熱をして，組立て溶接を行う。
(4) 角形鋼管のコーナ部には組立て溶接を行わない。

【問題 4.17】

次の文は，柱梁接合部の工場溶接における，スチールタブの溶接状態および溶接後の処理について述べたものである。最も不適当なものを1つ選び，その番号に○印をつけなさい。

(1) 溶接後エンドタブの残しを5mm以下としてガス切断している。

(2) エンドタブを開先内で裏当て金に組立て溶接している。

(3) クレータがエンドタブの範囲内にある。

(4) エンドタブの背面を梁フランジの側面に組立て溶接している。

【問題 4.18】

次の文は，建築鉄骨における溶接の特徴について，建築鉄骨以外の構造物などの溶接と比べて述べたものである。最も不適当なものを1つ選び，その番号に○印をつけなさい。

(1) 厚さに対して溶接線が長い。

(2) 溶接線始端および終端の処理が多い。

(3) 完全溶込み溶接部は裏当て金付きレ形開先が多い。

(4) 周溶接となる場合が多い。

【問題 4.19】

次の文は，建築鉄骨における溶接の特徴について，建築鉄骨以外の構造物などの溶接と比べて述べたものである。最も不適当なものを1つ選び，その番号に○印をつけなさい。

(1) 厚さに対して溶接線が短い。

(2) 溶接線始端および終端の処理が多い。

(3) 完全溶込み溶接部は裏はつりを行うレ形開先が多い。

(4) 接合部が立体的で複雑である。

【問題 4.20】

次の文は，建築鉄骨における溶接の特徴について，建築鉄骨以外の構造物などの溶接と比べて述べたものである。最も不適当なものを1つ選び，その番号に○印をつけなさい。

⑴周溶接となる場合が多い。
⑵厚さに対して溶接線が短い。
⑶完全溶込み溶接部は裏当て金付きレ形開先が多い。
⑷溶接線始端および終端の処理が少ない。

演習問題 ５

ロボット溶接オペレータの果たすべき役割と建築鉄骨ロボット溶接の特徴

【問題 5.1】

次の文は，ロボット溶接の環境条件について述べたものである。最も不適当なものを１つ選び，その番号に○印をつけなさい。

(1) 気温が－5℃を下回る場合，ロボット溶接をしない。

(2) 風が１m/s以下の場合，ロボット溶接をしない。

(3) 雨漏りがある場合，処置が終了するまでロボット溶接をしない。

(4) 開先部が結露で濡れている状態のときは，ロボット溶接をしない。

【問題 5.2】

次の文は，溶接ロボットを使って溶接する利点について述べたものである。その理由として最も不適当なものを１つ選び，その番号に○印をつけなさい。

(1) 熟練した溶接技能者不足を補え，また，作業環境の改善に役立つため。

(2) 高能率で品質の安定においても優れているため。

(3) ロボット溶接は，常に入熱・パス間温度を気にしなくてもよいため。

(4) ロボット溶接は，初期投資は高くなるが，長期的には製作コストが低くできるため。

【問題 5.3】

次の文は，建築鉄骨ロボット溶接オペレータについて述べたものである。最も不適当なものを１つ選び，その番号に○印をつけなさい。

(1) 溶接ロボットは，安全衛生に関する知識がなくても操作することができる。

(2) 日常点検や簡単な整備に対応できる。

(3) 溶接の知識を持ち，溶接時のトラブルに対応できる。

(4) 部材精度や組立て状態を見て，溶接してもよいかどうかの判断ができる。

【問題 5.4】

次の文は，建築鉄骨ロボット溶接オペレータの役割について述べたものである。最も不適当なものを１つ選び，その番号に○印をつけなさい。

(1) 溶接ロボットに内蔵された溶接条件を建築鉄骨溶接ロボット型式認証の認証書で確認する。
(2) 溶接ロボットは自動で動くので，溶接中は安全柵内への人の侵入など安全に気を配る。
(3) 溶接ロボットの溶接中はアークの状態や異常を常に監視する必要がある。
(4) 溶接不完全部が生じた場合，溶接管理者に報告した上で，原因分析と防止対策を講じる。

【問題 5.5】

次の文は，建築鉄骨ロボット溶接オペレータの役割について述べたものである。最も不適当なものを１つ選び，その番号に○印をつけなさい。

(1) 使用する溶接ロボットはメーカによる定期点検による保守を行っていれば，オペレータは日常点検をしなくてもよい。
(2) 溶接に先立って，開先精度および組立て状況を確認する。
(3) 溶接中の入熱・パス間温度が建築鉄骨溶接ロボット型式認証範囲であることを確認する。
(4) 溶接後に溶接ビード外観に有害な溶接不完全部がないことを目視確認する。

【問題 5.6】

次の文は，建築鉄骨ロボット溶接オペレータが溶接ロボットを使用する判断について述べたものである。最も不適当なものを１つ選び，その番号に○印をつけなさい。

(1) 開先角度が建築鉄骨ロボット溶接型式認証範囲外であったので，認証範囲内に修正してから溶接した。
(2) ルート間隔が 13mm で溶接した。
(3) 基本級のみの建築鉄骨ロボット溶接オペレータ適格性証明書を保有しているオペレータが下向姿勢で溶接した。
(4) 建築鉄骨溶接ロボット型式認証範囲内である板厚で溶接した。

【問題 5.7】

次の文は，建築鉄骨ロボット溶接オペレータが溶接ロボットを使用する判断について述べたものである。最も不適当なものを1つ選び，その番号に○印をつけなさい。

(1) 鋼材の種類が建築鉄骨溶接ロボット型式認証範囲であったので，溶接を開始した。
(2) ルート間隔が9mmであったが，溶接を開始した。
(3) 建築鉄骨ロボット溶接オペレータ適格性証明書の基本級のみを保有しているオペレータが横向姿勢で，溶接を開始した。
(4) 建築鉄骨溶接ロボット型式認証範囲内である溶接ワイヤで，溶接を開始した。

【問題 5.8】

次の文は，ロボット溶接をするときの，オペレータの判断について述べたものである。最も不適当なものを1つ選び，その番号に○印をつけなさい。

(1) ダイアフラムと裏当て金の間に，1mmを超えるすき間がなかったので溶接した。
(2) 角形鋼管の角部全体に，1mmのすき間があったが溶接した。
(3) 角形鋼管と裏当て金の間に,1mmを超えるすき間がなかったので溶接した。
(4) ダイアフラムと裏当て金の間に，1mmを超えるすき間があったが，ダイアフラム側なので溶接した。

【問題 5.9】

次の文は，組立て溶接の状態を見て，ロボット溶接オペレータがとった処置について述べたものである。最も不適当なものを1つ選び，その番号に○印をつけなさい。

(1) 開先内の組立て溶接に多数のピットがあったが，そのまま溶接した。
(2) 組立て溶接が凸ビードになっていたので，グラインダで平滑に仕上げた。
(3) ダイアフラムと裏当て金の間に3mmのすき間があったので，適切に修正した。
(4) 全線にわたり1mmのすき間があったが，溶接した。

【問題 5.10】

建築鉄骨溶接ロボット型式認証試験の下向姿勢におけるパス間温度を測定する位置で，最も不適当なものを１つ選び，その番号に○印をつけなさい。

(1) 角形鋼管継手では，溶接を開始した面と反対の面の中央の開先側で測定する。

(2) 円形鋼管継手では，溶接線のスタート地点と同じ位置の開先側で測定する。

(3) 柱梁フランジ継手では，溶接線の長さ方向中央部の開先側で測定する。

(4) 通しダイアフラムと梁フランジ継手では，溶接線の長さ方向中央部の開先側で測定する。

【問題 5.11】

厚さが 9mm の継手を３パスで溶接する場合，パス間温度の管理上，温度を測定する時点として，最も不適当なものを１つ選び，その番号に○印をつけなさい。

(1) 溶接を開始してから，１パスと２パスの間，２パスと３パスの間，最終層終了後で，計３回測定した。

(2) 溶接を開始してから，１パスと２パスの間，２パスと３パスの間で，計２回測定した。

(3) 溶接を開始する前に１回，１パスと２パスの間，最終層終了後で，計３回測定した。

(4) 溶接を開始する前に１回，１パスと２パスの間，２パスと３パスの間で，計３回測定した。

【問題 5.12】

パス間温度を確認する場合，最も不適当なものを１つ選び，その番号に○印をつけなさい。

(1) 開先の縁から 10mm 離れた母材の温度を，温度チョークで確認する。

(2) 開先の縁から 10mm 離れた母材の温度を，熱電対で計測する。

(3) 開先の縁から 10mm 離れた溶接ビードの温度を，接触式温度計で計測する。

(4) 開先の縁から 10mm 離れた母材の温度を，非接触式温度計で計測する。

【問題 5.13】

次の文は，パス間温度を確認する温度チョークについて述べたものである。最も不適当なものを1つ選び，その番号に○印をつけなさい。

(1) 温度チョークは，接触式温度計に比べ，安価で簡便に温度を判断することができる。
(2) 温度チョークは，使用する温度により色別された，棒状の蝋(ろう)である。
(3) 開先の縁から10mm離れた母材に，温度チョークを接触させて溶けるか否かでパス間温度を確認する。
(4) 開先の縁から10mm離れた母材に，温度チョークを接触させて色の変化でパス間温度を確認する。

【問題 5.14】

次の文は，ロボット溶接する前に，組立て溶接の状態を確認した結果と，ロボット溶接オペレータがとった処置について述べたものである。最も不適当なものを1つ選び，その番号に○印をつけなさい。

(1) 梁溶接接合部で，柱梁ともに厚さが25mmで，仕口のずれが確認されたが3mmであったので溶接した。
(2) 溶接組立柱に大曲りが確認されたが，梁フランジを溶接した。
(3) 梁溶接接合部で，柱梁ともに厚さが25mmで，仕口のずれが8mmであったので，溶接管理者に指示を仰いだ。
(4) 溶接組立柱に大曲りが確認されたので，前工程に戻した。

【問題 5.15】

次の文は，ロボット溶接を行う場合の開先内の組立て溶接について述べたものである。最も不適当なものを1つ選び，その番号に○印をつけなさい。

(1) 組立て溶接をYGW11のワイヤで行い，脚長が10mmになっていたので，グラインダで修正した。
(2) 組立て溶接をYGW18のワイヤで，脚長2mmで行った。
(3) 組立て溶接をYGW11のワイヤで，脚長3mmで行った。
(4) 組立て溶接を被覆アーク溶接棒で，脚長5mmで行った。

【問題 5.16】

次の文は，建築鉄骨溶接ロボット型式認証されたロボット溶接のルート間隔について述べたものである。最も不適当なものを１つ選び，その番号に○印をつけなさい。

(1) ルート間隔の上限値と下限値は建築鉄骨溶接ロボット型式認証でその範囲が決まっている。

(2) ルート間隔の範囲は溶接ロボットの型式によって異なる場合がある。

(3) 裏当て金を使用する場合，ルート間隔はいくら広くてもよいが狭すぎるのはよくない。

(4) 開先内でルート間隔の最大と最小の差が大き過ぎないように組立て時に注意する。

【問題 5.17】

組立て溶接の長さが，通常 40 ～ 60mm 程度となっている理由で，最も不適当なものを１つ選び，その番号に○印をつけなさい。

(1) 溶接長さが短過ぎると溶接部が硬化することにより，溶接割れが懸念されるため。

(2) 溶接長さが長過ぎると母材が軟化することにより，鋼材の強度が低下するため。

(3) 溶接長さが短過ぎると溶接する部材の重量によってはハンドリングの際，外れる危険性が高いため。

(4) 溶接長さが長過ぎると鋼製エンドタブやスカラップ底に近づき過ぎることを回避するため。

【問題 5.18】

次の文は，ロボット溶接におけるシールドガス流量について述べたものである。最も不適当なものを１つ選び，その番号に○印をつけなさい。

(1) 工場内での CO_2 の流量は，10 ℓ /min で行った。

(2) 工場内での CO_2 の流量は，20 ℓ /min で行った。

(3) 工場内での CO_2 の流量は，30 ℓ /min で行った。

(4) 工場内での CO_2 の流量は，40 ℓ /min で行った。

【問題 5.19】

次の文は，ロボット溶接に用いるシールドガスについて述べたものである。最も不適当なものを1つ選び，その番号に○印をつけなさい。

(1) アルゴン＋炭酸ガスの混合の割合は，一般に，アルゴン20%，炭酸ガス80%である。

(2) 炭酸ガスは，JIS Z 3253のC1規格品とする。

(3) 炭酸ガスは，空気より重くピットのような場所にたまるため，換気が必要である。

(4) アルゴン＋炭酸ガスの混合ガスを使用した場合は，一般に，スパッタが少ない。

【問題 5.20】

次の文は，溶接ロボットのトーチのノズルについて述べたものである。最も不適当なものを1つ選び，その番号に○印をつけなさい。

(1) 自動ノズル清掃装置が付属している場合であっても，ノズルの清掃は必要である。

(2) ノズルの緩み・汚れ・スパッタの付着など，ノズルの状態を確認する必要がある。

(3) ノズルには，スパッタ付着防止剤が厚く塗布されているので，スパッタは付着しない。

(4) ノズルにスパッタが多く付着すると，溶接部の品質に影響する。

演習問題 6

安定稼働のための各種点検

【問題 6.1】

次の文は，日常点検・定期点検について述べたものである。最も不適当なものを１つ選び，その番号に○印をつけなさい。

(1) 点検の目的は初期性能を保持するためである。
(2) 点検の区分は年次，月次，週次のみである。
(3) 点検の区分はメーカ点検とユーザ点検がある。
(4) 点検時は点検チェックリストを利用する。

【問題 6.2】

次の文は，日常点検・定期点検について述べたものである。最も不適当なものを１つ選び，その番号に○印をつけなさい。

(1) 点検の目的は安定な生産活動を実施するためである。
(2) 点検の区分は週次，日常，始業前のみである。
(3) 点検の区分はメーカ点検とユーザ点検がある。
(4) 点検時は点検チェックリストを利用する。

【問題 6.3】

次の文は，日常点検・定期点検について述べたものである。最も不適当なものを１つ選び，その番号に○印をつけなさい。

(1) 点検の目的は初期性能を保持するためである。
(2) 点検の区分は年次，月次，週次，日常，始業前がある。
(3) 点検の区分はメーカ点検のみがある。
(4) 点検時は点検チェックリストを利用する。

【問題 6.4】

次の文は，日常点検・定期点検について述べたものである。最も不適当なものを1つ選び，その番号に○印をつけなさい。

(1) 点検の目的は安定な生産活動を実施するためである。
(2) 点検の区分は年次，月次，週次，日常，始業前がある。
(3) 点検の区分はユーザ点検のみがある。
(4) 点検時は点検チェックリストを利用する。

【問題 6.5】

次の文は，日常点検・定期点検の目的について述べたものである。最も不適当なものを1つ選び，その番号に○印をつけなさい。

(1) 設定された溶接トーチの稼働を正確に再現するため。
(2) 機械の不良を早期に発見するため。
(3) 初期性能を更新するため。
(4) 設定された溶接条件を正確に再現するため。

【問題 6.6】

次の文は，日常点検・定期点検の目的について述べたものである。最も不適当なものを1つ選び，その番号に○印をつけなさい。

(1) 安定な生産活動を実施するため。
(2) 溶接品質のばらつきを多くするため。
(3) 生産ラインの停止時間を最小限に抑えるため。
(4) 機械の安全性に関する法規制を満たすため。

【問題 6.7】

次の文は，日常点検・定期点検の目的について述べたものである。最も不適当なものを1つ選び，その番号に○印をつけなさい。

(1) 初期性能を保持するため。
(2) 溶接条件をランダムに再現するため。
(3) 機械の故障を早期に検出するため。
(4) 法的コンプライアンスを確保するため。

【問題 6.8】

次の文は，日常点検・定期点検の目的について述べたものである。最も不適当なものを１つ選び，その番号に○印をつけなさい。

(1) 溶接条件が命令値通りであることを確認するため。
(2) 溶接トーチの稼働がプログラム通りであることを確認するため。
(3) 初期性能通りに稼働していることを確認するため。
(4) 溶接品質が不安定になっていることを確認するため。

【問題 6.9】

次の文は，溶接機の日常点検について述べたものである。最も不適当なものを１つ選び，その番号に○印をつけなさい。

(1) 冷却ファンの円滑な回転音と冷却風の発生を確認する。
(2) 溶接機本体の異常な振動やうなり音が発生していないことを確認する。
(3) シールドガスの流量が正しいかを確認する。
(4) 冷却水循環器の水を交換する。

【問題 6.10】

次の文は，アーク開始位置がずれている場合の処置について述べたものである。最も不適当なものを１つ選び，その番号に○印をつけなさい。

(1) トーチ先端位置およびトーチ角度を確認する。
(2) ロボットの関節各軸のずれを確認する。
(3) トーチケーブルの曲がりを確認する。
(4) ワイヤが，円滑に送給されていることを確認する。

【問題 6.11】

次の文は，溶接ロボットの日常点検について述べたものである。最も不適当なものを１つ選び，その番号に○印をつけなさい。

(1) ロボット動作中に異常な振動や異音がないことを確認する。
(2) ロボットの基準姿勢，基準位置を確認する。
(3) 教示ペンダントのエラー表示が，でていないことを確認する。
(4) 制御盤の扉を開けて，内部に異常がないことを確認する。

【問題6.12】

次の文は，溶接トーチの日常点検について述べたものである。最も不適当なものを1つ選び，その番号に○印をつけなさい。

(1) 溶接トーチのノズルにスパッタがついていないかを確認する。
(2) コンタクトチップの穴に異常な摩耗がないことを確認する。
(3) コンジットチューブを取り外して，内部の汚れやめっきかすなどの詰まりがないことを確認する。
(4) オリフィスの穴のつまりがないことを確認する。

【問題6.13】

次の文は，溶接機の定期点検について述べたものである。最も不適当なものを1つ選び，その番号に○印をつけなさい。

(1) 冷却ファンは，異常があった場合，修理あるいは交換する。
(2) 溶接機の接地(アース)は，正しくとってあるかどうかを確認する。
(3) 溶接機内部の変色，発熱のこん跡があるかないかを確認する。
(4) 溶接トーチのノズルにじん埃やスパッタがないかを確認する。

【問題6.14】

次の文は，ワイヤ送給装置の定期点検について述べたものである。最も不適当なものを1つ選び，その番号に○印をつけなさい。

(1) ワイヤ送給ローラ周辺にめっきかすがないことを確認する。
(2) ワイヤ引出し装置からワイヤがスムーズに出ることを確認する。
(3) ワイヤ送給ローラの欠損，溝の摩耗がないことを確認する。
(4) 溶接ワイヤの残量があるか確認する。

【問題6.15】

次の文は，ケーブル類の定期点検について述べたものである。最も不適当なものを1つ選び，その番号に○印をつけなさい。

(1) ケーブル接合部が，緩んでいないことを確認する。
(2) コンジットケーブルの曲げ半径がきつくなっていないことを確認する。
(3) トーチケーブルが損傷していないことを確認する。
(4) ケーブル類の被覆に損傷がないことを確認する必要はない。

演習問題 7

ロボット溶接のトラブル対応

7.1　トラブル対応

【問題 7.1.1】

次の文は，溶接前のワイヤタッチセンサを用いたセンシングにおいて，センシング開始時にエラーが発生した原因について述べたものである。最も不適当なものを１つ選び，その番号に○印をつけなさい。

(1) ワイヤが収納されているペールパックが絶縁されておらず，センシング電圧が短絡している。
(2) 開先内にスパッタ付着防止剤が多量に付着している。
(3) 開先内の組立て溶接の表面にスラグが付着している。
(4) シールドガスがなくなっている。

【問題 7.1.2】

次の文は，ギャップセンシングにおいて，誤ってルート間隔を広く検出したときに起こる現象について述べたものである。最も不適当なものを１つ選び，その番号に○印をつけなさい。

(1) 余盛高さが高くなる。
(2) ウィービングの幅が狭くなる。
(3) スパッタが多量に発生しやすい。
(4) 入熱量が大きくなる。

【問題7.1.3】

次の文は，溶接中にアークが途切れ，ロボットが止まった原因について述べたものである。最も不適当なものを1つ選び，その番号に○印をつけなさい。

(1) ギャップセンシングの際，ルート間隔を誤って極端に狭く検出した。
(2) 溶接ワイヤがなくなった。
(3) 裏当て金の溶落ちが発生した。
(4) コンジットケーブルが詰まって，溶接ワイヤの送給不良が発生した。

【問題7.1.4】

次の文は，角形鋼管柱と角形鋼管柱継手の角部分で，溶融池が流れ落ちた原因について述べたものである。最も不適当なものを1つ選び，その番号に○印をつけなさい。

(1) 溶接ロボットの軸がずれていた。
(2) 溶接トーチの取付位置がずれていた。
(3) 角部と平板部で異なるの溶接条件で溶接を実施していた。
(4) 溶接速度が遅すぎた。

【問題7.1.5】

次の文は，角形鋼管と通しダイアフラム継手の仕口コアを溶接する際，不具合が生じた原因について述べたものである。最も不適当なものを1つ選び，その番号に○印をつけなさい。

(1) 通しダイアフラムに空気抜き孔が開いていたので，溶融池が吹き上がった。
(2) 通しダイアフラムの組立て溶接のサイズが極端に大きかったので，溶込不良が発生した。
(3) ギャップセンシングの際，ルート間隔を広く検出したので，余盛が大きくなった。
(4) ギャップセンシングの際，ルート間隔を狭く検出したので，融合不良が発生した。

【問題7.1.6】

次の文は，開先が残り，ビード幅が狭くなった原因について述べたものである。最も不適当なものを1つ選び，その番号に○印をつけなさい。

(1) ギャップセンシングの際，誤ってルート間隔を広く検出した。
(2) ワイヤの送給不良が生じていた。
(3) 厚さの値を誤って3mm薄く入力していた。
(4) 溶接中の狙い位置がダイアフラム側にずれていた。

【問題 7.1.7】

次の文は，余盛が低く，開先が残った原因について述べたものである。最も不適当なものを１つ選び，その番号に○印をつけなさい。

(1) ギャップセンシングの際，誤ってルート間隔を狭く検出した。
(2) 寸法入力時に，誤って厚さを実際より薄く入力していた。
(3) シールドガスの流量が過大であった。
(4) コンジットケーブルが詰まって，溶接ワイヤの送給不良が発生した。

【問題 7.1.8】

次の文は，角形鋼管柱と通しダイアフラム継手で組立て溶接箇所から溶込不良および融合不良が検出された場合の対策について述べたものである。最も不適当なものを１つ選び，その番号に○印をつけなさい。

(1) 組立て溶接を，半自動溶接から被覆アーク溶接に変えるように指示した。
(2) 組立て溶接時によく溶込ませるように，組立担当者に注意を促した。
(3) 組立て溶接の余盛が高いので，グラインダで削ることにした。
(4) 組立て溶接の溶接条件を再検討するように指示した。

【問題 7.1.9】

次の文は，ロボットの不具合予防策について述べたものである。最も不適当なものを１つ選び，その番号に○印をつけなさい。

(1) 溶接ロボットの安定稼動のため，１年に１回はロボットメーカに定期点検を行ってもらう。
(2) 溶接品質が順調であれば，日常点検は必要ない。
(3) 溶接ロボットで高品質な溶接を安定して行うためには，組立工程とのコミュニケーションが大事である。
(4) 日々のメンテナンスにより，溶接ロボットのトラブルを予防できる。

7.2　溶接不完全部(溶接欠陥)

【問題7.2.1】

次の文は，T継手の完全溶込み溶接の余盛高さについて述べたものである。最も不適当なものを1つ選び，その番号に○印をつけなさい。

(1) 厚さ12mmの梁フランジを溶接後，余盛高さが10mmだったので合格とした。
(2) 厚さ16mmの梁フランジを溶接後，余盛高さが10mmだったので合格とした。
(3) 厚さ28mmの梁フランジを溶接後，余盛高さが18mmだったので合格とした。
(4) 厚さ32mmの梁フランジを溶接後，余盛高さが18mmだったので合格とした。

【問題7.2.2】

次の文は，柱と梁の仕口のずれおよび突合せ継手の食違いについて述べたものである。最も不適当なものを1つ選び，その番号に○印をつけなさい。

(1) T継手完全溶込み溶接部の柱と梁の仕口のずれの許容差は，平成12年建設省告示第1464号で定められている。
(2) T継手完全溶込み溶接部の柱と梁の仕口のずれの許容差は，JASS 6で定められている。
(3) 通しダイアフラムと梁フランジの溶接は，通しダイアフラムの板厚内で溶接しなければならない。
(4) 通しダイアフラムと梁フランジの食違い量は，鋼板の厚さの1/10まで許容される。

【問題7.2.3】

次の文は，溶接欠陥を検出する方法について述べたものである。最も不適当なものを1つ選び，その番号に○印をつけなさい。

(1) アンダカットは，外観検査で確認する。
(2) オーバラップは，外観検査で確認する。
(3) ブローホールは，外観検査で確認する。
(4) のど厚不足は，外観検査で確認する。

【問題 7.2.4】

次の文は，溶接欠陥を検出する方法について述べたものである。最も不適当なものを1つ選び，その番号に○印をつけなさい。

(1) 層間の融合不良は，超音波探傷試験で検出できる。
(2) 単独のブローホールは，放射線透過試験で検出できる。
(3) スラグ巻込みは，浸透探傷試験で検出できる。
(4) 表面割れは，磁粉探傷試験で検出できる。

【問題 7.2.5】

次の溶接用語のうち，溶接金属内部の溶接不完全部の名称として，最も不適当なものを1つ選び，その番号に○印をつけなさい。

(1) ブローホール
(2) 溶込不良
(3) スラグ巻込み
(4) スパッタ

【問題 7.2.6】

次の溶接用語のうち，溶接金属表面の溶接不完全部の名称として，最も不適当なものを1つ選び，その番号に○印をつけなさい。

(1) 熱影響部
(2) 割れ
(3) アンダカット
(4) ピット

【問題 7.2.7】

次の溶接不完全部のうち，外観検査ではわからないものを1つ選び，その番号に○印をつけなさい。

(1) ブローホール
(2) アンダカット
(3) ピット
(4) オーバラップ

【問題 7.2.8】

次の項目のうち，外観検査ではわからないものを1つ選び，その番号に○印をつけなさい。

(1) 融合不良

(2) ビード不整

(3) クレータの状態

(4) 余盛高さ

【問題 7.2.9】

次の文は，ロボット溶接後の処置について述べたものである。最も不適当なものを1つ選び，その番号に○印をつけなさい。

(1) 余盛が厚さに対して少ないように思えたのでゲージで測定した。

(2) スラグを除去して溶接部全体を検査した。

(3) 溶接終了後，検査の前に塗装工程に回した。

(4) アンダカットの深さを測定した。

【問題 7.2.10】

次の文は，アンダカットの検査について述べたものである。最も不適当なものを1つ選び，その番号に○印をつけなさい。

(1) アンダカットの長さや深さが，許容値以内であれば補修をしなくてよい。

(2) アンダカットを目視で検査する場合は，判定基準を十分に頭に入れた上で実施することが必要である。

(3) アンダカットゲージには，ダイヤルゲージを用いたものがある。

(4) アンダカットの形状はV形(鋭角)とU形(鈍角)に大別されるが，U形の方が繰返し荷重に対し特に危険である。

【問題 7.2.11】

次の文は，溶接部の割れについて述べたものである。最も不適当なものを１つ選び，その番号に○印をつけなさい。

(1) 予熱を行うことは，低温割れ防止の有効な手段である。
(2) クレータ割れは，低温割れの一種である。
(3) 高温割れは，拘束力が大きいときに発生しやすい。
(4) 後熱を行うことは，低温割れ防止の有効な手段である。

【問題 7.2.12】

次の図は，溶接部の欠陥を表したものである。最も不適当なものを１つ選び，その番号に○印をつけなさい。

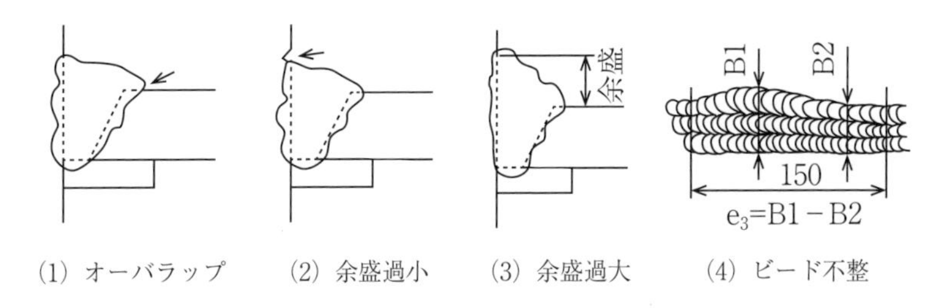

(1) オーバラップ　(2) 余盛過小　(3) 余盛過大　(4) ビード不整

【問題 7.2.13】

次の図は，溶接部の欠陥を表したものである。最も不適当なものを１つ選び，その番号に○印をつけなさい。

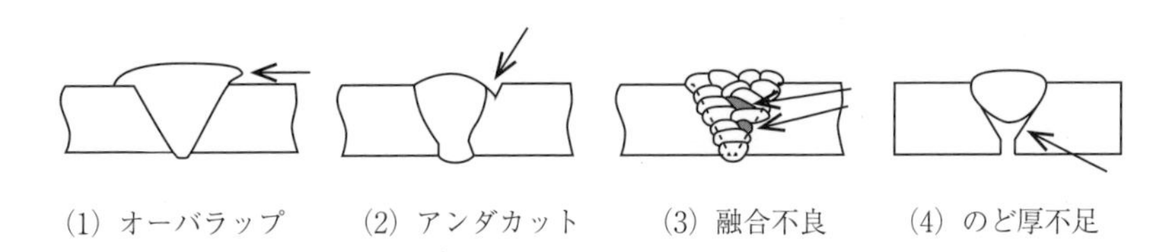

(1) オーバラップ　(2) アンダカット　(3) 融合不良　(4) のど厚不足

7.3　溶接不完全部（溶接欠陥）の発生要因と防止策

【問題 7.3.1】

次の文は，各種溶接不完全部の防止策である。最も不適当なものを1つ選び，その番号に○印をつけなさい。

(1) 融合不良を防止するには，前層ビードの止端部を滑らかに成形してから，次層を溶接する。

(2) 梨（なし）形割れが発生する恐れがある場合，開先角度を広める。

(3) ブローホールの防止策として，防風対策を講じる。

(4) スラグ巻込みを防止するには，開先角度を狭くする。

【問題 7.3.2】

次の文は，各種溶接不完全部の防止策について述べたものである。最も不適当なものを1つ選び，その番号に○印をつけなさい。

(1) ルート部に溶込不良が発生したので，開先角度を広くし，ルート面を小さくする。

(2) ブローホールの原因は，溶接金属中の窒素・一酸化炭素・水素などのガスによるものであり，シールドガスの流量にも関係する。

(3) 融合不良の防止のためには，できるだけ開先角度を広くするのがよい。

(4) 開先面がさびていても，溶接電流を大きくして溶接すれば，ブローホールは発生しない。

【問題 7.3.3】

次の文は，各種溶接不完全部の防止策について述べたものである。最も不適当なものを1つ選び，その番号に○印をつけなさい。

(1) 突合せ継手の融合不良を防止するには，前パスの凸ビードをグラインダで平滑にする。

(2) 完全溶込み溶接でのスラグ巻込みを防止するには，前パスのビードを清掃する。

(3) ブローホールを防止するには，ガス流量を2ℓ/minに低減する。

(4) 下向姿勢の突合せ継手のアンダカットを防止するには，溶接電流を低くする。

【問題 7.3.4】

次の文は，各種溶接不完全部の成因について述べたものである。最も不適当なものを１つ選び，その番号に○印をつけなさい。

(1) スラグ巻込みは，スラグが溶接金属の凝固過程で，浮上しないまま凝固し，溶接金属中に閉じ込められた溶接不完全部である。
(2) 融合不良は，溶接ビードと開先面またはビードとビードの間に発生した溶接不完全部である。
(3) アンダカットは，溶接ビードの止端に沿って母材が掘られ，溶接金属が満たされないで，溝となった表面の溶接不完全部である。
(4) 低温割れは，窒素などのガスが溶融池から浮上しないうちに溶接金属が凝固し，その内部に閉じ込められたために発生した溶接不完全部である。

【問題 7.3.5】

次の文は，T継手の完全溶込み溶接における下向姿勢のアンダカットの発生原因について述べたものである。最も不適当なものを１つ選び，その番号に○印をつけなさい。

(1) アーク電圧が高すぎる。
(2) 溶接速度が遅すぎる。
(3) 溶接電流が高すぎる。
(4) ウィービングピッチが粗すぎる。

【問題 7.3.6】

次の文は，溶接後，ビード不整が生じた原因について述べたものである。最も不適当なものを１つ選び，その番号に○印をつけなさい。

(1) 溶接ワイヤの矯正がうまくできていないので，溶接ワイヤの突出方向が不安定になっていた。
(2) ノズルの内面にスパッタが多量に付着して，シールドが悪くなっていた。
(3) 溶接前のセンシングの時に，誤ってルート間隔を狭く検出した。
(4) 溶接電流が設定値と実勢値でずれが生じていた。

【問題 7.3.7】

次の文は，ブローホールの発生原因について述べたものである。最も不適当なものを1つ選び，その番号に○印をつけなさい。

(1) ギャップセンシングの際，誤ってルート間隔を狭く検出した。
(2) オリフィス(バッフル)に多量のスパッタが付着していた。
(3) ノズルに多量のスパッタが付着していた。
(4) スパッタ付着防止剤が，開先内に液体のまま溜まっていた。

【問題 7.3.8】

次の文は，溶接中にピットが発生した原因について述べたものである。最も不適当なものを1つ選び，その番号に○印をつけなさい。

(1) 溶接ロボットの近くにある窓が開いており，強い風が吹き込んでいた。
(2) ノズルの中に多量のスパッタが付着していた。
(3) 開先内の組立て溶接を低水素系被覆アーク溶接で実施されていた。
(4) 水冷トーチの冷却水が漏れていた。

【問題 7.3.9】

次の文は，ロボット溶接によって溶接の内部に発生する高温割れの防止対策について述べたものである。最も不適当なものを1つ選び，その番号に○印をつけなさい。

(1) 溶込み深さ(H)と溶接ビード幅(W)の比が(H／W)≧1.5になるように溶接する。
(2) ルート間隔が狭くならないように溶接する。
(3) 溶接断面は，ナゲット断面(扁平，幅広)を得るようにする。
(4) 溶接電流を低め，アーク電圧を高め，溶接速度を遅くなるように設定した。

【問題 7.3.10】

次の文は，溶接で低温割れを防止する対策について述べたものである。最も不適当なものを１つ選び，その番号に○印をつけなさい。

(1) 鋼材や継手に適した予熱およびパス間温度を選ぶ。

(2) 冷却速度の速い溶接条件を選ぶ。

(3) 溶接入熱を大きくする。

(4) 開先部の湿気などを除く。

【問題 7.3.11】

次の文は，ロボット溶接によって角形鋼管と通しダイアフラム継手の溶接における溶込不良が発生する場合の防止対策について述べたものである。最も不適当なものを１つ選び，その番号に○印をつけなさい。

(1) 開先内の組立て溶接のビードの凹凸を少なくする。

(2) 開先内の組立て溶接の脚長を小さくする。

(3) ルート面を小さくする。

(4) 溶接中のスラグの清掃回数を多くする。

【問題 7.3.12】

次の文は，ロボット溶接によって溶接内部に融合不良が発生する場合の防止対策について述べたものである。最も不適当なものを１つ選び，その番号に○印をつけなさい。

(1) 開先面が汚れていないことを確認してから溶接する。

(2) 溶接中のスラグの清掃回数を多くする。

(3) 溶接ロボットの狙い位置が正しいかを確認する。

(4) 初層の溶込みが十分に可能かどうかについてルート間隔の大小を確認する。

7.4　溶接欠陥の補修方法

【問題7.4.1】

次の文は，溶接部の補修方法について述べたものである。最も不適当なものを1つ選び，その番号に○印をつけなさい。

(1) 溶接で補修を行う場合は，ビード長さを極力短くすべきである。
(2) アンダカットは，はつってから溶接を行い，必要に応じてグラインダ仕上げを行う。
(3) ピットは，グラインダなどにより削除した後，溶接で補修する。
(4) 表面割れは，割れの範囲を確認した上で，その両端から50mm以上をはつりとって船底形の形状に仕上げ，補修溶接を行う。

【問題7.4.2】

次の文は，溶接欠陥の補修方法について述べたものである。最も不適当なものを1つ選び，その番号に○印をつけなさい。

(1) 余盛不足があったので溶接を追加した。
(2) オーバラップがあったので，グラインダで削除して仕上げた。
(3) 割れが発見されたので，そのまま細径の低水素系被覆アーク溶接棒にて溶接で補修した。
(4) ピットがあったので，エアアークガウジングで削除してから，溶接で補修した。

【問題7.4.3】

次の文は，アンダカットが発生した場合の処置について述べたものである。最も不適当なものを1つ選び，その番号に○印をつけなさい。

(1) 深さ0.7mm，長さ10mmのアンダカットが発生したため，グラインダで滑らかな形状に仕上げた。
(2) 深さ1.2mm，長さ50mmのアンダカットが発生したため，グラインダで除去後，2パス以上の溶接を行ったのち，グラインダで仕上げた。
(3) 深さ1.2mm，長さ10mmのアンダカットが発生したため，グラインダで除去後，長さ20mmの溶接を行ったのち，グラインダで仕上げた。
(4) 深さが0.3mm，長さ50mmのアンダカットが発生したが，補修は行わなかった。

【問題 7.4.4】

次の文は，ピットが多数発生した場合の処置について述べたものである。最も不適当なものを１つ選び，その番号に○印をつけなさい。

(1) 浅いピットをグラインダで完全に除去して余盛高さを確保して，滑らかに仕上げた。
(2) ピットをショートビードで溶接後，グラインダなどにより仕上げた。
(3) グラインダを用いてピットを除去し，２パス以上の適切な溶接後，グラインダなどにより仕上げた。
(4) エアアークガウジングを用いてピットを除去した後，２パス以上の適切な溶接を行い，滑らかに仕上げた。

【問題 7.4.5】

次の文は，オーバラップが発生した場合の処置について述べたものである。最も不適当なものを１つ選び，その番号に○印をつけなさい。

(1) 深さ 1mm のオーバラップが発生している箇所とその周辺をグラインダなどで滑らかに仕上げた。
(2) 深さ 2mm のオーバラップが発生している箇所とその周辺を溶接後，グラインダで仕上げた。
(3) 深さ 2mm のオーバラップが発生している箇所とその周辺を削り過ぎないように注意しながら，グラインダ仕上げを行った。
(4) 深さ 3mm のオーバラップが発生している箇所とその周辺をエアアークガウジングで除去したのち，２パス以上の溶接で滑らかに仕上げた。

【問題 7.4.6】

次の文は，角形鋼管と通しダイアフラム継手の開先内の組立て溶接で，脚長が大きかった場合の処置について述べたものである。最も不適当なものを1つ選び，その番号に○印をつけなさい。

(1) 裏当て金の面から大きい脚長部分をグラインダなどで除去した。

(2) 開先内の組立て溶接のビード幅や脚長が均一になるように仕上げた。

(3) 溶接ロボットの初層部の溶接条件を修正し，裏当て金まで十分に溶込むように設定した。

(4) 開先内の裏当て金の組立て溶接の凹凸を除去し，溶接ロボットにより初層部が十分溶込むようにした。

【問題 7.4.7】

次の文は，クレータ割れについて述べたものである。最も不適当なものを1つ選び，その番号に○印をつけなさい。

(1) クレータ部を含む近傍をガウジングではつりとり，溶接後，グラインダで仕上げる。

(2) クレータ部をチッピングハンマで修正し，溶接する。

(3) クレータ部をグラインダで除去し，クレータ部を含む溶接長さが短くならないように溶接する。

(4) クレータ部をグラインダで除去し，クレータ部近傍を +50℃予熱し溶接後，グラインダで仕上げる。

演習問題 8

建築鉄骨ロボット溶接における安全作業

【問題 8.1】

次の文は，溶接ロボットの運用や取扱い作業について述べたものである。最も不適当なものを1つ選び，その番号に○印をつけなさい。

(1) 産業用ロボットとの接触により労働者に危険が生ずるおそれのあるときは，再生運転中に動作範囲内に入ることが出来ないようにさく又は囲いを設けるなどの対策を講じる。

(2) ロボットの稼働状況が分かるようにするための看板表示や表示灯などがあれば，安全柵の設置は必要ない。

(3) 溶接ワイヤや消耗品の交換，溶接トラブルなどで安全柵内に入るとき，出入口扉を開けると溶接ロボットが停止するように，扉にインターロック機能などを設ける。

(4) 溶接スパッタによる火災防止のため，溶接ロボットの近くに可燃物質を置かない。

【問題 8.2】

次の文は，安全柵について述べたものである。最も不適当なものを1つ選び，その番号に○印をつけなさい。

(1) 産業用ロボットとの接触により労働者に危険が生ずるおそれのある場合でも，安全教育を徹底すれば安全柵は必要ない。

(2) 安全柵とロボットの動作範囲との間隔は，柵の形状で異なる。

(3) 安全柵の出入口扉を開けるとロボットが停止するように，扉にインターロック機能などを設ける。

(4) ロボットを再生起動させるための操作パネルは，安全柵の外側に置く必要がある。

【問題 8.3】

次の文は，溶接ロボットの運用や取扱い作業について述べたものである。最も不適当なものを1つ選び，その番号に○印をつけなさい。

(1) 産業用ロボットを安全に使用するために，始業時には非常停止ボタンや安全柵のインターロックの作動確認，ロボットの動作確認，表示灯の点灯状況の確認などを行う。

(2) ロボット設置場所周囲にアーク光が漏れないように，遮光カーテンなどを設置する。

(3) ロボットの稼働状況が安全柵の外から容易に分かるように，看板による表示や警告灯などを設置する。

(4) 溶接ワイヤや消耗品の交換は短時間で作業できるため，特別な安全配慮はいらない。

【問題 8.4】

次の文は，安全柵について述べたものである。最も不適当なものを1つ選び，その番号に○印をつけなさい。

(1) 産業用ロボットとの接触により労働者に危険が生ずるおそれのある場合は安全柵の設置が義務付けられている。

(2) 安全柵とロボットの動作範囲との間隔は，柵の形状・寸法で異なる。

(3) 安全柵の出入口扉を開けるとロボットが停止するように，扉にインターロック機能などを設ける。

(4) ロボットを再生起動させるための操作パネルは，安全柵の内側に置く必要がある。

【問題 8.5】

次の文は，ロボット溶接オペレータの安全管理について述べたものである。最も不適当なものを1つ選び，その番号に○印をつけなさい。

(1) 安全はすべての作業に優先する。

(2) オペレータ自身の安全は二の次である。

(3) 周囲への配慮が必要である。

(4) 関係者の安全を図る必要がある。

【問題 8.6】

次の文は，ロボット溶接オペレータの安全管理について述べたものである。最も不適当なものを１つ選び，その番号に○印をつけなさい。

(1) パス間温度管理で温度計測のため，溶接ロボットを停止し，インターロックが効いた状態で安全柵内に入った。
(2) 溶接ロボットが一時停止したのでそのまま安全柵内に入った。
(3) 溶接速度計測のための溶接時間測定は，安全柵に入らずに行った。
(4) 溶接ロボット再生運転に部外者が安全柵内に入ろうとしたので注意した。

【問題 8.7】

次の文は，産業用ロボットの関連法令の内容について述べたものである。最も不適当なものを１つ選び，その番号に○印をつけなさい。

(1) 産業用ロボットを使用する事業者は，ロボットとの接触により労働者に危険が生ずるおそれのあるとき，さく又は囲いを設けるなどの危険を防止するために必要な措置を講じなければならない。
(2) リスクアセスメントに基づく措置を実施し，ロボットと接触しても労働者に危険の生ずるおそれがなくなったと評価できる場合は，さく又は囲いなどは必ずしも設置しなくてもよい。
(3) ロボットを操作した経験があれば，労働安全衛生規則に定められた特別な教育を受講する必要はない。
(4) 産業用ロボットの教示などの業務に係る特別教育では，学科教育と実技教育が義務付けられている。

【問題 8.8】

次の文は，産業用ロボットの関連法令の内容について述べたものである。最も不適当なものを１つ選び，その番号に○印をつけなさい。

(1) 産業用ロボットを使用する事業者は，ロボットとの接触により労働者に危険が生ずるおそれのあるとき，さく又は囲いを設けるなどの危険を防止するために必要な措置を講じなければならない。

(2) リスクアセスメントに基づく措置を実施し，ロボットと接触しても労働者に危険の生ずるおそれがなくなったと評価できる場合は，さく又は囲いなどは必ずしも設置しなくてもよい。

(3) ロボットを操作した経験があっても，労働安全衛生規則に定められた特別な教育を受講する必要がある。

(4) 産業用ロボットの教示などの業務に係る特別教育では，学科教育と実技教育，口述試験が義務付けられている。

第 4 部

解答・解説編

解答・解説 1

溶接ロボット

【問題 1.1】

次の文は，溶接ロボットを使うにあたって気を付けるべきことについて述べたものである。最も不適当なものを1つ選び，その番号に○印をつけなさい。

(1) 安全柵の設置，溶接部への風対策，周囲にアーク光が漏れないようにするなど，健全な溶接と安全衛生に配慮した環境とする。
(2) 安全柵には，扉を開けるとロボットシステムが停止するようにインターロック機能などを設ける。
(3) 適切にロボット溶接を行うために，日常点検と定期点検を行う。
(4) 溶接ロボットは，ロボット自身がセンシングなどを行って溶接するため，オペレータに特別な資格や技量は要らない。

解答　(4)

【問題 1.2】

次の文は，溶接ロボットを使うにあたって気を付けるべきことについて述べたものである。最も不適当なものを1つ選び，その番号に○印をつけなさい。

(1) 安全柵の設置，溶接部への風対策，周囲にアーク光が漏れないようにするなど，健全な溶接と安全衛生に配慮した環境とする。
(2) 溶接ロボットシステムには，運転状況を示す表示灯を設け，周囲を安全柵で囲っている。
(3) 月に1度，メーカによる点検を行っているため，日々の日常点検は省略している。
(4) 溶接ロボットを適切に用いるためには，溶接対象物の確認などが大切であり，一定の技量や資格が求められる。

解答　(3)

解説

産業用ロボットの作業を行うためには，当該業務に関わる従業員に対し，労働安全衛生法第59条第3項によって規定された「特別教育」を受講させることが，事業主に対して義務付けられています。また，建築鉄骨のロボット溶接においては，(一社)日本溶接協会が「建築鉄骨ロボット溶接オペレータ」の資格認証制度を実施しています。

正常な溶接を継続するためには，日々の変化を確認しておくことが大切であり，日常点検と定期点検を組み合わせて実施することが有効です。

【問題 1.3】

次の文は，溶接ロボットの特徴について述べたものである。最も不適当なものを1つ選び，その番号に○印をつけなさい。
(1) 溶接ロボットは決められた動作を繰り返し行うため，一度，溶接欠陥が発生すると同様の不良が生じやすい。
(2) センシング機能を持った溶接ロボットの場合，溶接する位置や長さなどを補正して溶接することができる。
(3) 溶接ロボットはセンシング機能を用いて溶接するため，日常点検で正常であることを確認することが大切である。
(4) ロボット溶接の場合，シールドガスの流量は人の溶接より少なくできる。

解 答　(4)

【問題 1.4】

次の文は，溶接ロボットの特徴について述べたものである。最も不適当なものを1つ選び，その番号に○印をつけなさい。
(1) 溶接ロボットは決められた動作を自動的に繰り返し行うことができるため，溶接品質のばらつきが少ない。
(2) センシング機能を持った溶接ロボットの場合，溶接する位置や長さなどを補正して溶接することができる。
(3) 溶接ロボットはセンシング機能を用いて溶接するため，日常点検は不要である。
(4) 溶接ヒュームやアーク光などの環境から人の作業エリアを隔離できる。

解 答　(3)

解 説

溶接ロボットの正常な動作は，正しく調整されていることが前提であり，これはセンシング機能を用いた場合でも同様です。日々の点検で正常な状態であることを確認・是正することが大切ですし，状況に応じたメーカによる点検も実施する必要があります。

また，同じ動作を繰り返すがゆえに，不良状態で溶接すると同じような不良が生じやすいという特徴があり，その観点でも日々の点検が重要となります。

ロボット溶接の場合でも，シールドガスの必要性は同じであり，ガス流量を少なくすることはできません。

【問題 1.5】

次の文は，溶接ロボットを使って溶接する理由について述べたものである。最も不適当なものを1つ選び，その番号に○印をつけなさい。
(1) 人が溶接するより能率が向上するため。
(2) 溶接ロボットは保守点検をしなくても問題のない溶接品質が得られるため。
(3) 長期的にみると製作コストが低くできるため。
(4) オペレータが正しく使用すれば溶接部の品質が安定するため。

解 答　(2)

【問題 1.6】

次の文は，溶接ロボットを使って溶接する一般的な理由について述べたものである。最も不適当なものを1つ選び，その番号に○印をつけなさい。
(1) 生産能力が安定・向上し，工程計画が立て易くなるから。
(2) 連続運転が可能であり，ランニングコストが低減できるから。
(3) 暑い季節でも熱中症などを気にすることなく稼働させることができるから。
(4) 人が溶接するよりも溶接継手の強度やじん性が向上するから。

解 答　(4)

解 説

溶接ロボットの正常な動作は，正しく調整されていることが前提であり，日々の点検で正常な状態であることを確認・是正することが大切ですし，状況に応じたメーカによる点検も実施する必要があります。

一般的に溶接ロボットは，人による溶接と比べ，例えば，暑い季節でも休憩が不要であることや，休憩時間や就業時間後も運転を続けられるため，アーク発生率が高く，アーク発生時間も長いため，高能率化が図れます。それにより生産量も増やすことができるなどランニングコストの低減にも繋がります。

一方で，溶接継手の機械的性能は，溶接ワイヤ，入熱，溶接金属の冷却速度などに依存するものであり，同等の溶接継手の強度やじん性は確保できますが，単純に溶接ロボットに置き換えるだけでそれらが向上することはありません。

解答・解説 [2]

建築鉄骨溶接ロボット型式認証・ロボット溶接オペレータ資格認証

【問題 2.1】

次の文は，建築鉄骨溶接ロボット型式認証の認証書について述べたものである。最も不適当なものを1つ選び，その番号に○印をつけなさい。

(1) 使用できる溶接ワイヤの種類と径が記載されている。
(2) 溶接できる板厚範囲は下限値のみが記載されている。
(3) 溶接姿勢が記載されている。
(4) 溶接できる継手の部位が記載されている。

解 答　（2）

【問題 2.2】

次の文は，建築鉄骨溶接ロボット型式認証の認証書について述べたものである。最も不適当なものを1つ選び，その番号に○印をつけなさい。

(1) 使用できるシールドガスの種別が記載されている。
(2) 溶接姿勢が記載されている。
(3) 使用するエンドタブが記載されている。
(4) 溶接できるルート間隔の範囲は下限値のみが記載されている。

解 答　（4）

【問題 2.3】

次の文は，建築鉄骨溶接ロボット型式認証の認証書および認証書付属書について述べたものである。最も不適当なものを1つ選び，その番号に○印をつけなさい。

(1) 認証書には，シールドガスの種類が記載されている。
(2) 認証書には，入熱とパス間温度はともに記載されている。
(3) 付属書には，認証試験時の溶接電流および溶接速度のみが記載されている。
(4) 付属書には，板厚ごとのパス数が記載されている。

解 答　（3）

【問題 2.4】

次の文は，建築鉄骨溶接ロボット型式認証について述べたものである。最も不適当なものを1つ選び，その番号に○印をつけなさい。

(1) 認証書付属書には，認証試験時の溶接施工条件範囲は記載されていない。
(2) 認証書に書かれている認証範囲項目には，開先角度とルート間隔が記載されている。
(3) 型式認証を取得しているロボット機種には,「認証シール」が発行される。
(4) 溶接ワイヤの種類は，認証書に記載のないJIS規格品は使用できない。

解 答　（1）

解 説

建築鉄骨溶接ロボット型式認証の認証書には，認証範囲として，鋼材の種類，継手の部位，溶接姿勢，板厚の上下限値，ルート間隔の上下限値，開先角度，溶接ワイヤの種類と径，シールドガスの種別，エンドタブの種類，入熱とパス間温度の溶接ワイヤごとの上限値，特記事項が記載されています。

また，建築鉄骨溶接ロボット型式認証の認証書付属書には，認証試験時の板厚および最大・最小ルート間隔における溶接条件データに基づいた溶接施工条件範囲（溶接電流，溶接電圧および溶接速度のそれぞれの上下限値，パス数）が記載されています。さらに，認証試験データから想定された認証範囲の板厚の最小・中間・最大のルート間隔における溶接施工条件範囲が記載されています。

付属書に書かれた溶接電圧はアーク近傍をテスターなどで測定した値を用いているためです。

【問題 2.5】

別紙の表は，建築鉄骨溶接ロボット型式認証の認証書付属書である。読み取れる内容として，最も不適当なものを1つ選び，その番号に○印をつけなさい。ただし，以下の設問では単位は省略している。

(1) 板厚が 9，ルート間隔が 4 におけるパス数は 2 パスである。
(2) 板厚が 16，ルート間隔が 6 におけるパス数は 6 パスである。
(3) 板厚が 22，ルート間隔が 10 におけるパス数は 9 パスである。
(4) 板厚が 25，ルート間隔が 4 におけるパス数は 11 パスである。

解 答　（3）

【問題 2.6】

別紙の表は，建築鉄骨溶接ロボット型式認証の認証書付属書である。読み取れる内容として，最も不適当なものを1つ選び，その番号に○印をつけなさい。ただし，以下の設問では単位は省略している。

(1) 板厚が 12，ルート間隔が 6 におけるパス数は 3 パスである。
(2) 板厚が 19，ルート間隔が 4 におけるパス数は 8 パスである。
(3) 板厚が 25，ルート間隔が 6 におけるパス数は 11 パスである。
(4) 板厚が 32，ルート間隔が 4 におけるパス数は 16 パスである。

解 答　（4）

解 説

別紙の表から，板厚が 22，ルート間隔が 10 におけるパス数は 10 パスと読み取れます。

別紙の表から，板厚が 32，ルート間隔が 4 におけるパス数は 15 パスと読み取れます。

この付属書は一例で，実際の付属書は●●には適した単位が，数字△には適した数値が認証ごとに記入されている。

別紙

認証書付属書

表1　認証試験板厚の溶接条件データ（最小および最大ルート間隔の場合）

板厚（●●）	最小，最大ルート間隔（●●）	溶接電流範囲（●●）	溶接電圧範囲（●●）	溶接速度範囲（●●）	パス数
12	4	280 ～ 320	31 ～ 36	42 ～ 26	3
	10	280 ～ 310	31 ～ 36	17 ～ 24	
32	4	280 ～ 320	31 ～ 36	26 ～ 37	15
	10	330 ～ 385	33 ～ 38	26 ～ 37	17
定常状態の溶接条件データ測定値を記載している。					

表2　認証試験時データから想定された溶接施工条件範囲

板厚（●●）	最小，6 ●●，最大ルート間隔（●●）	溶接電流範囲（●●）	溶接電圧範囲（●●）	溶接速度範囲（●●）	パス数
9	4	230 ～ 350	25 ～ 40	20 ～ 45	2
	10	230 ～ 350	25 ～ 40	15 ～ 40	
12	[illegible]	[illegible]	[illegible]	[illegible]	3
	6	230 ～ 350	25 ～ 40	15 ～ 45	
	10	230 ～ 350	25 ～ 40	15 ～ 40	
16	[illegible]	[illegible]	[illegible]	[illegible]	6
	6	230 ～ 380	25 ～ 40	15 ～ 55	
	10	230 ～ 380	25 ～ 40	15 ～ 45	
19	4	230 ～ 380	25 ～ 40	20 ～ 60	8
	[illegible]	[illegible]	[illegible]	[illegible]	
	10	230 ～ 380	25 ～ 40	15 ～ 45	9
22	4	240 ～ 400	25 ～ 41	20 ～ 60	[illegible]
	[illegible]	[illegible]	[illegible]	[illegible]	[illegible]
	10	240 ～ 400	25 ～ 41	15 ～ 45	10
25	4	240 ～ 400	25 ～ 41	20 ～ 60	11
	6	240 ～ 400	25 ～ 41	15 ～ 55	
	[illegible]	[illegible]	[illegible]	[illegible]	[illegible]
28	[illegible]	[illegible]	[illegible]	[illegible]	13
	6	240 ～ 400	25 ～ 41	15 ～ 55	
	10	240 ～ 400	25 ～ 41	15 ～ 45	14
32	4	240 ～ 400	25 ～ 41	20 ～ 60	15
	[illegible]	[illegible]	[illegible]	[illegible]	[illegible]
	10	240 ～ 400	25 ～ 41	15 ～ 45	17
36	4	240 ～ 400	25 ～ 41	20 ～ 60	19
	6	240 ～ 400	25 ～ 41	15 ～ 55	20
	10	240 ～ 400	25 ～ 41	15 ～ 45	21
40	4	240 ～ 400	25 ～ 41	20 ～ 60	21
	6	240 ～ 400	25 ～ 41	15 ～ 55	22
	10	240 ～ 400	25 ～ 41	15 ～ 45	23

←板厚が 9　↑ルート間隔 4　におけるパス数は 2・・・・・・・・・・☞

↓板厚が 12　↓ルート間隔 6　におけるパス数は 3・・・・・・・・・・

↓板厚が 16　↓ルート間隔 6　におけるパス数は 6・・・・・・・・・・

←板厚が 19　↑ルート間隔 4　におけるパス数は 8・・・・・・・・・・☞

←板厚が 22　↓ルート間隔 10　におけるパス数は 10・・・・・・・・・・

↑板厚が 25　↑ルート間隔 4　におけるパス数は 11・・・・・・・・・・
板厚が 25　↑ルート間隔 6　におけるパス数は 11・・・・・・・・・・

←板厚が 32　↑ルート間隔 4　におけるパス数は 15・・・・・・・・・・

パス数は，表 2 に記載の 10％増までのパス数を認める（小数点以下は切り上げ）。
角形鋼管と通しダイアフラムの場合は直線部の溶接施工条件範囲を記載している。
※この溶接施工条件範囲は、認証書に記載された溶接条件（入熱△△●●以下、パス間温度△△△●●以下）で使用しなければならない。
※複数継手溶接には単継手溶接を含む。
※鉄骨システムソフトウェア Ver △．△△以降

【問題 2.7】

次の文は，建築鉄骨溶接ロボット型式認証制度について述べたものである。最も不適当なものを1つ選び，その番号に○印をつけなさい。
(1) 溶接ロボットを用いた溶接品質の確保のために，この制度が設けられた。
(2) (一社)日本溶接協会規格および(一社)日本ロボット工業会規格に基づいて行われている。
(3) JIS(日本産業規格)に基づいて行われている。
(4) 溶接ロボット型式認証はメーカ仕様に対してその妥当性を認証している。

解答　(3)

解説

建築鉄骨溶接ロボット型式認証は，(一社) 日本溶接協会規格および(一社) 日本ロボット工業会規格の共同規格に基づいていますが，今のところ JISは制定されていません。

【問題 2.8】

次の文は，建築鉄骨溶接ロボット型式認証について述べたものである。最も不適当なものを1つ選び，その番号に○印をつけなさい。
(1) 型式認証は，(一社)日本溶接協会が審査し，認証書を発行している。
(2) 型式認証にはルート間隔の範囲が記載されている。
(3) 型式認証には開先角度が記載されている。
(4) (一社)日本溶接協会規格および(一社)日本ロボット工業会規格に基づいて行われている。

解答　(1)

解説

建築鉄骨溶接ロボット型式認証は，(一社) 日本溶接協会規格および(一社)日本ロボット工業会規格に基づいて行われていますが，(一社)日本ロボット工業会が審査し，認証書を発行しています。

【問題 2.9】

次の文は，建築鉄骨溶接ロボット型式認証について述べたものである。最も不適当なものを1つ選び，その番号に○印をつけなさい。
(1) 型式認証は，(一社)日本ロボット工業会が審査し，認証書を発行している。
(2) 型式認証におけるルート間隔の範囲には下限値のみが記載されている。
(3) 型式認証には使用できる鋼材が記載されている。
(4) (一社)日本溶接協会規格および(一社)日本ロボット工業会規格に基づいている。

解答　(2)

解 説

建築鉄骨溶接ロボット型式認証は，ルート間隔の下限値の他，上限値も記載されています。

【問題 2.10】

次の文は，建築鉄骨ロボット溶接オペレータ技術検定について述べたものである。最も不適当なものを1つ選び，その番号に○印をつけなさい。
(1) 溶接ロボットを用いた溶接品質の確保のために，この技術検定が設けられた。
(2) (一社) 日本溶接協会規格に基づいて行われている。
(3) (一社) 日本ロボット工業会規格に基づいて行われている。
(4) 型式認証された溶接ロボットシステムの仕様範囲内での適格性を検定している。

解 答　(3)

解 説

建築鉄骨ロボット溶接オペレータ技術検定は，(一社) 日本溶接協会の単独規格であり，(一社) 日本ロボット工業会規格にはなっていません。この技術検定は溶接ロボットを用いた溶接品質の確保のために設けられ，溶接ロボット型式認証されたロボットシステムの仕様範囲内での適格性を検定しています。

【問題 2.11】

次の文は，建築鉄骨溶接ロボット型式認証の認証書に記載されている認証範囲について述べたものである。最も不適当なものを1つ選び，その番号に○印をつけなさい。
(1) シールドガスの種類が CO_2 の場合は，YGW11 または YGW18 は使える。
(2) ルート間隔の認証範囲は，上限は厳守しなくてもよい。
(3) シールドガスの種類が CO_2 であれば，YGW15 は使えない。
(4) 溶接ワイヤは種類と径が記載されている。

解 答　(2)

解 説

建築鉄骨溶接ロボット型式認証の認証書には，ルート間隔の下限と上限が記載されており，上限も厳守する必要があります。また，原則として YGW11 や YGW18 は CO_2(炭酸ガス)用，YGW15 や YGW19 は CO_2 と Ar(アルゴン)の混合ガス用です。

【問題 2.12】

次の文は，建築鉄骨溶接ロボット型式認証の認証書および付属書の記載について述べたものである。最も不適当なものを1つ選び，その番号に○印をつけなさい。
(1) 鋼材の強度の単位は N/mm^2 である。
(2) 入熱の単位は kJ である。
(3) 溶接電流の単位は A である。
(4) ルート間隔の単位は mm である。

解 答　(2)

解 説

入熱は，溶接の際，外部から溶接部に与えられる熱量のことで，アーク溶接においては，アークにより溶接ビードの単位長さ (1cm) 当たりに発生する熱量で表します。熱量の単位は J (読み方：ジュール) であるので，入熱の単位は J/cm (読み方：ジュール毎センチメートル，またはジュールパーセンチメートル)で表しますが，数字の桁が多くなりすぎることから，k(読み方：キロ，× 1000 を示す)を用いて，kJ/cm(読み方：キロジュール毎センチメートル，またはキロジュールパーセンチメートル)で表記しています。

単位はきちんと覚えておく必要があります。特に大文字と小文字の区別もありますので，注意して覚えましょう。厚さやルート間隔の単位は mm(読み方：ミリメートル)，鋼材の強度の単位は N/mm^2，入熱の単位は kJ/cm，パス間温度の単位は℃ (読み方：度シー，摂氏○度，または単に度)，溶接電流の単位は A (読み方：アンペア)，アーク電圧 (認証書付属書では溶接電圧と表記している)の単位は V(読み方：ボルト)です。

【問題 2.13】

次の文は，建築鉄骨溶接ロボット型式認証の認証書の記載について述べたものである。最も不適当なものを1つ選び，その番号に○印をつけなさい。
(1) 鋼材の強度の単位は N である。
(2) 入熱の単位は kJ/cm である。
(3) パス間温度の単位は℃である。
(4) 板厚の単位は mm である。

解 答　(1)

解 説

鋼材の強度は応力度 (単位断面積当たりの力) で表され，建築鉄骨溶接ロボット型式認証の認証書では鋼材の強度の単位は N/mm^2 (読み方：ニュートン毎平方ミリメートル，あるいはニュートンパー平方ミリメートル)を用いています。

【問題 2.14】

次の文は，産業用ロボット安全衛生特別教育について述べたものである。最も不適当なものを1つ選び，その番号に○印をつけなさい。
(1) 特別教育は，3年で更新の必要がある。
(2) 教育時間は，10時間以上必要である。
(3) 教育の記録は，3年間保管する必要がある。
(4) ロボットメーカから特別教育の修了証が発行される。

解答　(1)

解説

産業用ロボット安全衛生特別教育は，更新の必要はありません。産業用ロボット安全衛生特別教育は，建築鉄骨ロボット溶接オペレータの基本級の受験資格の1つで，80Wを超えた駆動電動機を有する産業ロボット使用の場合，修了証を保有する必要があります。また，これとは別にロボットメーカが行う建築鉄骨ロボット溶接オペレータの特別教育の受講修了証が基本級と専門級の受験資格として必要になる場合があります。

【問題 2.15】

次の文は，建築鉄骨ロボット溶接オペレータ技術検定試験の基本級について述べたものである。最も不適当なものを1つ選び，その番号に○印をつけなさい。
(1) 溶接姿勢には「下向(F)」と「横向(H)」がある。
(2) エンドタブの種類には「スチールタブ(S)」「代替タブ(F)」「なし(N)」がある。
(3) 継手の区分には「角形鋼管と通しダイアフラム(SD)」がある。
(4) 継手の区分には「柱と梁フランジ(PP)」がある。

解答　(1)

解説

継手の区分，溶接姿勢，エンドタブの組合せによって資格種別があり，基本級では，継手の区分として「角形鋼管と通しダイアフラム(SD)」，「円形鋼管と通しダイアフラム(CD)」，「柱と梁フランジ(PP)」の3継手，溶接姿勢として「下向(F)」の1姿勢，エンドタブの種類として「スチールタブ(S)」，「代替タブ(F)」，「なし(N)」の3種類があります。

なお，建築鉄骨ロボット溶接オペレータ資格「柱と梁フランジ(PP)」を保有していれば，型式認証にある「通しダイアフラムと梁フランジ(DP)」の継手の溶接を施工することが可能となります。

【問題 2.16】

次の文は，建築鉄骨ロボット溶接オペレータ技術検定試験の基本級について述べたものである。最も不適当なものを1つ選び，その番号に○印をつけなさい。
(1) 口述試験に代わる筆記試験Ⅱと実技試験Ⅱがある。
(2) 検定試験には筆記試験と口述試験がある。
(3) 検定試験の口述試験は日本語で行われる。
(4) 検定試験は日本語ができないと受験できない。

解答　(4)

解説

日本語による口述試験が受験できない場合，口述試験に代わる筆記試験Ⅱと実技試験Ⅱが用意されているので，受験可能です。

【問題 2.17】

次の文は，建築鉄骨ロボット溶接オペレータ技術検定試験の専門級について述べたものである。最も不適当なものを1つ選び，その番号に○印をつけなさい。
(1) 溶接姿勢には「横向(H)」がある。
(2) 検定試験は筆記試験と実技試験であるが，実技試験には免除規定がある。
(3) 継手の区分には「溶接組立箱形断面柱と角形鋼管(BS)」がある。
(4) エンドタブの種類には「コーナータブ(C)」がある。

解答　(3)

解説

継手の区分には「溶接組立箱形断面柱と角形鋼管」のように異種断面部材の継手はありません。

【問題 2.18】

次の文は，建築鉄骨ロボット溶接オペレータ技術検定試験の専門級について述べたものである。最も不適当なものを1つ選び，その番号に○印をつけなさい。
(1) 溶接姿勢には「横向(H)」，「立向(V)」，「上向(O)」の3姿勢がある。
(2) 検定試験には筆記試験と実技試験があるが，実技試験には免除規定がある。
(3) 継手の区分には「角形鋼管と角形鋼管(SS)」がある。
(4) 型式認証書に特記事項としてビード継ぎ目部の処理が必要な資格種類は，実技試験の免除規定はない。

解答　(1)

解説

専門級および基本級ともに，溶接姿勢の上向(O)はありません。

【問題 2.19】

次の文は，建築鉄骨ロボット溶接オペレータについて述べたものである。最も不適当なものを1つ選び，その番号に○印をつけなさい。
(1) JISの溶接技能者の資格を有することが要求されている。
(2) 専門級の受験には，AW検定における有資格者が要求される。
(3) 溶接ロボットにおける経験が少ない場合，ロボットメーカが実施する特別教育を受講すれば，建築鉄骨ロボット溶接オペレータ試験を受験することができる。
(4) 建築鉄骨溶接ロボット型式認証の範囲内であるかどうか，オペレータは確認する必要がある。

解答　(2)

解説

専門級の受験には，AW検定における有資格者が要求されていません。

解答・解説 3

建築鉄骨で使用される主な鋼材と溶接材料

【問題 3.1】

次の文は，H形断面鋼について述べたものである。最も不適当なものを1つ選び，その番号に○印をつけなさい。

(1) H形断面鋼には強軸と弱軸があるが，曲げ耐力はどちらも同じである。

(2) 圧延されたH形鋼と溶接組立されたH形断面鋼がある。

(3) 圧延H形鋼には内法一定H形鋼と外法一定H形鋼がある。

(4) H形鋼には公差内でフランジの折れが生じていることがある。

解答　(1)

解説

H形断面は，鋼材の代表的な断面です。その形状から力の加わる方向により曲げ耐力に差が生じます。曲げ耐力に対して強い方向を強軸，弱い方向を弱軸と呼びます。

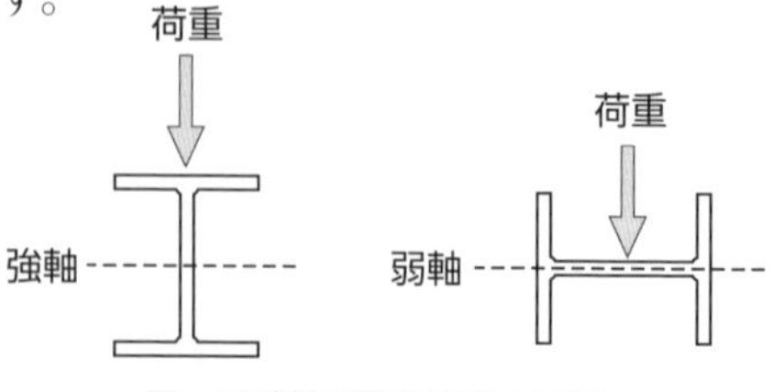

図　H形断面鋼の強軸と弱軸

H形鋼には，JIS規格に規定される内法寸法一定でフランジとウェブの組合せが変化する内法一定H形鋼と，外法寸法一定でフランジとウェブの組合せが変化する外法一定H形鋼があります。

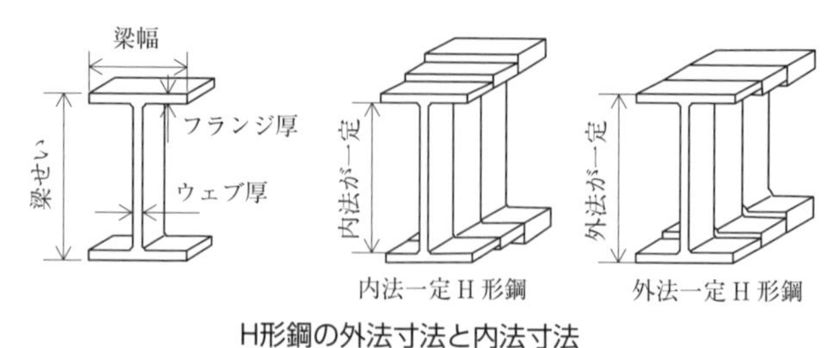

H形鋼の外法寸法と内法寸法

【問題 3.2】

次の文は，降伏比について述べたものである。最も不適当なものを 1 つ選び，その番号に○印をつけなさい。
(1) 降伏比は，降伏点／伸びの比である。
(2) 降伏比は，降伏点／引張強さの比である。
(3) 降伏比は，小さくなるほど変形能力が大きくなる。
(4) 降伏比は，伸び 20%，降伏点が 400 N/mm² で引張強さが 500 N/mm² の場合，80% である。

解答　(1)

【問題 3.3】

次の文は，厚さが 16 mm を超えて 40 mm 以下の鋼材規格について述べたものである。最も不適当なものを 1 つ選び，その番号に○印をつけなさい。
(1) SS400 の引張強さは，400 N/mm² 以上である。
(2) SS400 の降伏点は，235 N/mm² 以上である。
(3) SM490 の引張強さは，490 N/mm² 以上である。
(4) SM490 の降伏点は，325 N/mm² 以上である。

解答　(4)

【問題 3.4】

次の文は，厚さが 16 mm を超えて 40 mm 以下の鋼材規格について述べたものである。最も不適当なものを 1 つ選び，その番号に○印をつけなさい。
(1) SN490 B の引張強さは，490 N/mm² 以上である。
(2) SN490 B の降伏点は，315 N/mm² 以上である。
(3) SN400 B の引張強さは，400 N/mm² 以上である。
(4) SN400 B の降伏点は，235 N/mm² 以上である。

解答　(2)

【問題 3.5】

次の文は，厚さ 19 mm の鋼材の規格下限値について述べたものである。最も不適当なものを 1 つ選び，その番号に○印をつけなさい。
(1) SN400 B と SN490 B では，SN490 B の方が降伏点は高い。
(2) SM490 B と SN490 B では，SN490 B の方が降伏点は高い。
(3) SM400 A と SN400 A では，降伏点は同じである。
(4) SM490 A と SN490 B では，降伏点は同じである。

解答　(4)

解 説

厚さが16mmを超えて40mm以下（厚さ16mmは含まない）においては，SS400の降伏点は235N/mm² 以上，引張強さは400N/mm² 以上です。SM490の降伏点は315N/mm² 以上，引張強さは490N/mm² 以上です。SN400の降伏点は235N/mm² 以上，引張強さは400N/mm² 以上です。SN490の降伏点は325N/mm² 以上，引張強さは490N/mm² 以上です。

JISの規格品であるSS材，SM材，SN材の数字は引張強さです。引張強さが大きい鋼材は，降伏点も高くなります。

降伏比は，降伏点を引張強さで割った値です。必ず100%よりも小さい値になります。

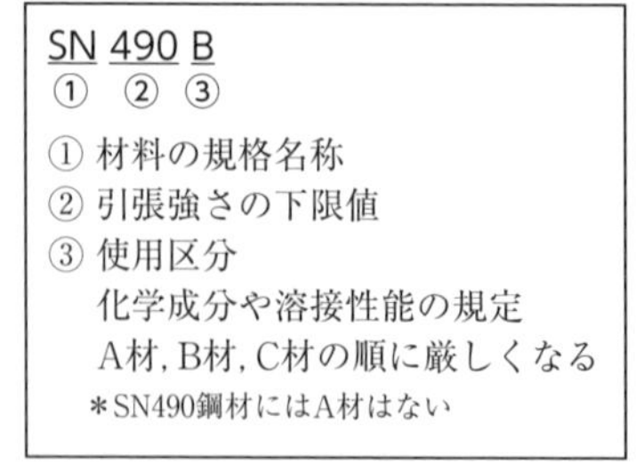

SN材の記号例

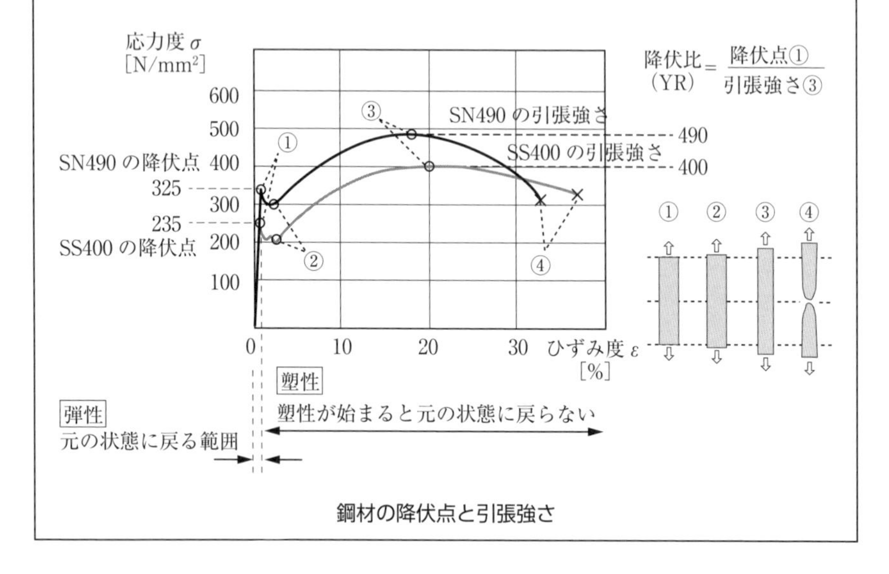

鋼材の降伏点と引張強さ

【問題 3.6】

次の文は，建築鉄骨に使用する鋼材の種類について述べたものである。最も不適当なものを1つ選び，その番号に○印をつけなさい。
(1) SS400は，一般溶接構造用圧延鋼材である。
(2) BCP325は，建築構造用冷間プレス成形角形鋼管である。
(3) BCR295は，建築構造用冷間ロール成形角形鋼管である。
(4) SN490Bは，建築構造用圧延鋼材である。

解答　(1)

【問題 3.7】

次の文は，建築鉄骨に使用する鋼材の特徴について述べたものである。最も不適当なものを1つ選び，その番号に○印をつけなさい。
(1) SN490の方がSN400よりも引張強さが高い。
(2) SS400は，SN400Bより溶接性にすぐれている。
(3) SN400Bの方がSN400Aよりも溶接性にすぐれている。
(4) SN490Cは，通しダイアフラム部材として適している。

解答　(2)

【問題 3.8】

次の文は，建築鉄骨に使用する鋼材について述べたものである。最も不適当なものを1つ選び，その番号に○印をつけなさい。
(1) SN400Aは，溶接用の鋼材としては適していない。
(2) 通しダイアフラムやベースプレート用の鋼材には，SN490Cが適している。
(3) SN490Cは，りん(P)含有量やいおう(S)含有量が少なく，溶接割れが発生しにくい。
(4) SN400Aは，炭素当量が低く溶接性がよいので大梁用の溶接用鋼材に適している。

解答　(4)

【問題 3.9】

次の文は，建築鉄骨に使用する鋼材について述べたものである。最も不適当なものを1つ選び，その番号に○印をつけなさい。
(1) SN材のC種は，厚さ方向の絞り値を規定している。
(2) SN材のC種は，B種に比べてりん(P)含有量といおう(S)含有量が低く抑えられている。
(3) SM490Aは，SN490Bより炭素(C)含有量の上限値が低く抑えられている。
(4) SS材よりSN材の方が建築鉄骨用の鋼材として適している。

解答　(3)

解説

建築鉄骨に使用される鋼材には，大別するとJISの規格品と大臣認定品の2種類があります。JISの規格品は，SN材，SM材，SS材などです。柱材に使用される冷間成形角形鋼管のBCPやBCRは（一社）日本鉄鋼連盟規格の大臣認定品になります。

SS材：一般構造用圧延鋼材
SM材：溶接構造用圧延鋼材
SN材：建築構造用圧延鋼材
BCP：建築構造用冷間プレス成形角形鋼管
BCR：建築構造用冷間ロール成形角形鋼管

SS400は構造用鋼材として分野を問わず広く使用されていますが，継手を溶接接合とする場合は溶接性を向上するように炭素含有量の上限が規定された溶接構造用圧延鋼材のSM490Aを使用しています。

SN490材は建築構造用圧延鋼材で，強度とじん性を要求される建築の構造物に使用することを目的として規定された鋼材です。SM490材よりもさらに炭素含有量の上限が厳しくなっています。特にSN490Cは厚さ方向に引っ張られても強度が確保できるように規定された鋼材で，通しダイアフラムなどに用いられます。

SN材は，建築鉄骨の構造用の使用を想定された鋼材ですが，SN材の規格の中でSN400Aは化学成分などの規定が緩和された材料で，溶接接合の使用を想定した材料ではありません。

【問題3.10】

次の文は，SN材について述べたものである。最も不適当なものを1つ選び，その番号に○印をつけなさい。

(1) SN400材には，SN400A，SN400B，SN400Cがある。
(2) SN490材には，SN490A，SN490B，SN490Cがある。
(3) SN400Bは，炭素含有量に上限が規定されている。
(4) SN490Cは，厚さ16mm以上の場合，降伏点に上限が規定されている。

解答　(2)

【問題3.11】

次の文は，SN材について述べたものである。最も不適当なものを1つ選び，その番号に○印をつけなさい。

(1) SN400Aは，シャルピー衝撃値の規定がない。
(2) SN400Bは，降伏点の上限値が355N/mm^{2}である。
(3) SN490Aは，降伏比の上限値が80%である。
(4) SN490Bは，引張強さの上限値が610N/mm^{2}である。

解答　(3)

【問題 3.12】

次の文は，SN材について述べたものである。最も不適当なものを1つ選び，その番号に○印をつけなさい。
(1) SN400Aは，溶接接合には適していない。
(2) SN400Bは，降伏比の下限値がある。
(3) SN490Bは，シャルピー衝撃値の規定がある。
(4) SN490Cは，厚さ方向の規定値がある。

解答　（2）

【問題 3.13】

次の文は，SN材について述べたものである。最も不適当なものを1つ選び，その番号に○印をつけなさい。
(1) 厚さ19mmのSN400Aは，シャルピー衝撃値の規定がない。
(2) 厚さ9mmのSN400Bは，シャルピー衝撃値の規定がない。
(3) 厚さ16mmのSN490Bは，シャルピー衝撃値の規定がある。
(4) 厚さ12mmのSN490Cは，シャルピー衝撃値の規定がある。

解答　（4）

解説

建築構造用圧延鋼材SN材は400N/mm^{2}級と490N/mm^{2}級の2種類です。

規格名称はSN400A，SN400B，SN400C，SN490B，SN490Cの5種類です。

化学成分や溶接性能の規定がA材，B材，C材の順番でC材が最も厳しくなっています。

SN490にはA材はなく，SN490B，SN490Cのみです。

弾性範囲で使用する小梁などで用いられることが多いSN400Aは厚さ6mm以上100mm以下でじん性の指標であるシャルピー衝撃値の規定がありません。SN400BとSN490Bは厚さ12mm以上100mm以下にシャルピー衝撃値の規定があります。SN400CとSN490Cは厚さ12mmがなく，厚さ16mm以上100mm以下の規格です。

なお，規格の詳細は第2部を参照してください。

【問題 3.14】

次の文は，（一社）日本鉄鋼連盟規格である大臣認定品 BCR295 の特徴について述べたものである。最も不適当なものを1つ選び，その番号に○印をつけなさい。

(1) BCR295 の引張強さの下限値は，295 N/mm² である。
(2) BCR295 の降伏点の下限値は，295 N/mm² である。
(3) BCR295 の降伏点の上限値は，445 N/mm² である。
(4) BCR295 は冷間ロール成形角形鋼管である。

解 答　（1）

【問題 3.15】

次の文は，（一社）日本鉄鋼連盟規格である大臣認定品 BCP325 の特徴について述べたものである。最も不適当なものを1つ選び，その番号に○印をつけなさい。

(1) BCP325 の引張強さの下限値は，490 N/mm² である。
(2) BCP325 の降伏点の下限値は，325 N/mm² である。
(3) BCP325 の降伏点の上限値は，400 N/mm² である。
(4) BCP325 は冷間プレス成形角形鋼管である。

解 答　（3）

解 説

大臣認定品である BCR295 は，冷間ロール成形角形鋼管で，BCP325 は，冷間プレス成形角形鋼管です。SM 材や SN 材と違い，BCR，BCP ともに数字が降伏点の下限値で呼称されています。なお，降伏点および引張強さともに上限値の規定があります。

なお，規格値の詳細は第2部を参照してください。

BCR 295
①　②

① 大臣認定名称
② 降伏点の下限値

BCRの記号例

【問題 3.16】

次の文は，溶接用ワイヤについて述べたものである。最も不適当なものを1つ選び，その番号に○印をつけなさい。

(1) YGW11 は，400 N/mm² 級の鋼材にしか使用してはいけない。
(2) YGW11 と YGW18 は，シールドガスとして CO_2 が使われる。
(3) YGW18 と YGW19 では，入熱およびパス間温度は同じ扱いでよい。
(4) YGW11 より YGW18 の方が，入熱およびパス間温度を高い値で管理することができる。

解 答　（1）

【問題 3.17】

次の文は，溶接用ワイヤについて述べたものである。最も不適当なものを1つ選び，その番号に○印をつけなさい。
(1) YGW11，YGW18 は，一般に炭酸ガスをシールドガスとして使う溶接用ワイヤである。
(2) YGW18 の方が YGW11 よりも溶着金属の引張強さが高い。
(3) 溶接用ワイヤの選定には，母材の鋼種，入熱およびパス間温度，溶接姿勢などは考慮しない。
(4) 溶接ロボットには，ソリッドワイヤが使用されることが多い。

解答　（3）

【問題 3.18】

次の文は，溶接用ワイヤについて述べたものである。最も不適当なものを1つ選び，その番号に○印をつけなさい。
(1) YGW11 に比べて YGW18 の方が同一の溶接条件では溶接部の引張強さが高い。
(2) YGW11 に比べて YGW18 の方が同一の溶接条件では溶接部のじん性がよい。
(3) YGW11 に比べて YGW18 の方が大きい入熱での溶接が可能である。
(4) YGW11 に比べて YGW18 の方がパス間温度の上限値は低い。

解答　（4）

【問題 3.19】

次の文は，溶接用ワイヤについて述べたものである。最も不適当なものを1つ選び，その番号に○印をつけなさい。
(1) YGW11 に比べて YGW18 の方が同一の溶接条件では溶接部の引張強さが高い。
(2) YGW11 に比べて YGW18 の方が同一の溶接条件では溶接部のじん性がよい。
(3) YGW11 に比べて YGW18 の方が入熱の上限値は小さい。
(4) YGW11 に比べて YGW18 の方が高いパス間温度での溶接が可能である。

解答　（3）

解説

引張強さの規格下限値は YGW11 が 490 N/mm^2，YGW18 が 550 N/mm^2 です。

YGW11 でも適切な溶接条件で行うことで，溶着金属の強度は十分確保できます。溶接部の強度は母材の強度と同等以上である必要があるので，母材の鋼種や入熱およびパス間温度は考慮しなければならない項目です。

YGW18 の方が YGW11 に比べて引張強さの規格下限値が高いので，入熱に関わる溶接電流やアーク電圧も高く設定できます。また，YGW18 の方がパス間温度も高く管理できます。

じん性として YGW18 と YGW11 を比較すると YGW18 の方が実験的に優れている傾向にあります。

【問題 3.20】

次の溶接用語のうち，溶接入熱を算定する上で最も不適当なものを1つ選び，その番号に○印をつけなさい。
(1) 溶接電流
(2) アーク電圧
(3) 溶接速度
(4) パス間温度

解 答　(4)

【問題 3.21】

溶接入熱を決める3つの因子の関係で，最も不適当なものを1つ選び，その番号に○印をつけなさい。
(1) 溶接電流が大きくなると，溶接入熱は大きくなる。
(2) アーク電圧が低くなると，溶接入熱は小さくなる。
(3) 溶接入熱は，アーク電圧×溶接電流を溶接速度で割ったものである。
(4) 溶接入熱は，溶接電流×アーク電圧を溶接時間で割ったものである。

解 答　(4)

解 説

溶接入熱の算定式は，溶接電流×アーク電圧／溶接速度になります。パス間温度は，多パス溶接時の溶接を行うパスの直前の温度です。溶接入熱の算定には関係ありません。単位はkJ/cmで表され，単位長さ(1cm)当たりの熱量になります。溶接時間はアークの発生時間であり，溶接速度は溶接長を溶接時間で割った値です。

$$\text{入熱量(J/cm)} = \frac{\text{溶接電流(A)} \times \text{アーク電圧(V)}}{\text{溶接速度(cm/分)}} \times 60$$

【問題 3.22】

次の文は，溶接部のじん性について述べたものである。最も不適当なものを1つ選び，その番号に○印をつけなさい。

(1) 溶接入熱の管理範囲内で溶接を行うことにより，溶接部のじん性を確保することができる。
(2) 溶接入熱が小さくなると，母材側のじん性が低くなる。
(3) 溶接入熱が大きくなると，溶接部のじん性が低くなる。
(4) 溶接部のじん性が低くなることにより，建物の耐震性が低下する。

解答　(2)

解説

入熱は溶接部の強度・じん性に影響を与え，入熱が大きくなると溶接部のじん性が低下することが実験結果によりあきらかになっています。入熱は溶接部に影響を与えますが，母材には影響を与えません。

【問題 3.23】

次の文は，溶接入熱の管理方法について述べたものである。最も不適当なものを1つ選び，その番号に○印をつけなさい。

(1) 溶接入熱の上限値は YGW11 よりも YGW18 の方が大きく設定できる。
(2) 溶接入熱には上限値のみ規定があり，小さければ小さいほど良い。
(3) 溶接入熱は，溶接電流およびアーク電圧と溶接速度で管理することができる。
(4) 溶接入熱は，簡易的にパス数で管理することができる。

解答　(2)

解説

入熱の管理は，下向姿勢の溶接を想定して上限値と下限値が定められています。電流と電圧，溶接速度で算出されますので，いずれかの条件が極端でも溶接が可能です。大きすぎる入熱は，じん性に悪影響が生じることが考えられます。小さすぎる入熱の場合にはビード不整や溶込不良が生じる可能性があります。入熱には適正範囲があり，小さければ小さいほど良いわけではありません。

【問題 3.24】

次の文は，パス間温度について述べたものである。最も不適当なものを1つ選び，その番号に○印をつけなさい。
(1) パス間温度管理は溶接電流とアーク電圧を測定する。
(2) 測定には，接触温度計，温度チョーク，非接触温度計，熱電対などを用いる。
(3) パス間温度管理は，溶接線の中央で，開先の縁から10mm離れた位置で行う。
(4) パス間温度は，溶接するパス直前の最低温度のことである。

解 答　(1)

【問題 3.25】

次の文は，パス間温度について述べたものである。最も不適当なものを1つ選び，その番号に○印をつけなさい。
(1) 5層8パスの溶接部では，パス間温度として7回計測して記録した。
(2) 測定には，接触温度計，温度チョーク，非接触温度計，熱電対などを用いる。
(3) パス間温度管理は，溶接線の中央で，開先の縁から20mm離れた位置で行う。
(4) パス間温度は，溶接するパス直前の最低温度のことである。

解 答　(3)

解 説

パス間温度の定義は，溶接パス直前の温度であるため，初層（1パス）の温度は母材の温度となります。母材の温度はパス間温度ではありません。8パスの溶接の場合は，パス間温度は7回の計測になります。

パス間温度の測定は，開先が取られている側の板幅中央で，開先の縁より10mm母材側の位置でします。

なお，パス間温度は接触式もしくは非接触式温度計や熱電対で数値を測定します。また，パス間温度の簡易的な確認方法としては，温度チョークなどを用いることもあります。

【問題 3.26】

次の文は，パス間温度と強度・じん性の関係について述べたものである。最も不適当なものを1つ選び，その番号に○印をつけなさい。
(1) パス間温度が低くなると，溶接部の強度は高くなる。
(2) パス間温度が低くなると，母材の強度が高くなる。
(3) パス間温度が高くなると，溶接部のじん性は低くなる。
(4) パス間温度が高くなると，母材のじん性は変わらない。

解答　（2）

【問題 3.27】

次の文は，パス間温度について述べたものである。最も不適当なものを1つ選び，その番号に○印をつけなさい。
(1) パス間温度が低くなると，溶接金属の強度は高くなる。
(2) パス間温度が低くなると，溶接金属のじん性が高くなる。
(3) パス間温度が低くなると，溶接作業時間は長くなる。
(4) パス間温度が低くなると，溶接するパス数が多くなる。

解答　（4）

解説

パス間温度は，溶接部の強度に大きく影響を与えます。溶接部の強度には大きく影響しますが，パス間温度は母材には影響を与えません。

パス数で管理することができるのは入熱で，パス間温度の管理はできません。

【問題 3.28】

次の文は，パス間温度と強度の関係について述べたものである。最も不適当なものを1つ選び，その番号に○印をつけなさい。
(1) パス間温度を管理することにより，溶接部の強度を確保することができる。
(2) パス間温度が同じであると，YGW11 よりも YGW18 を使用した方が溶接部の強度は高くなる。
(3) 冷間成形角形鋼管は曲げ加工を受ける角部の強度が上がるため，パス間温度の管理値は低く設定されている。
(4) 適切な強度を確保するために，パス間温度の下限値が規定されている。

解答　（4）

解説

パス間温度は溶接部の強度に大きく影響を与える条件です。温度が高すぎると溶接部の強度は母材の強度よりも低下する可能性があり，建物全体の耐震性が低下する可能性があります。上限値に規定はありますが，パス間温度の下限値は規定されていません。

【問題 3.29】

次の文は，入熱とパス間温度の管理について述べたものである。最も不適当なものを1つ選び，その番号に○印をつけなさい。

(1) 溶接する鋼材と溶接材料の組合せに合わせて入熱とパス間温度が規定されている。

(2) YGW11 の 490 N/mm² 級の鋼板のパス間温度の管理値は 400 N/mm² 級の鋼板よりも厳しい値となる場合が多い。

(3) パス間温度の管理値または，入熱の管理値のどちらかを守ればよい。

(4) YGW18 は強度・じん性が YGW11 よりも高いため，入熱の管理値は大きく設定される場合が多い。

解 答　(3)

解 説

溶接する鋼材と溶接材料により入熱とパス間温度の管理範囲は異なります。溶接部の強度・じん性を確保するためには入熱とパス間温度の両方を守ることが必要です。通常の建築鉄骨では YGW11 の使用がどの組合せでも条件が厳しくなりますが適用は可能です。

解答・解説 ④

建築鉄骨の製作

【問題 4.1】

次の文は，スカラップについて述べたものである。最も不適当なものを1つ選び，その番号に○印をつけなさい。

(1) スカラップは，溶接線を交差させないために設ける。
(2) 柱梁接合部の梁ウェブのスカラップ形状は，必ず1/4円である。
(3) ノンスカラップ工法は，スカラップを設けない工法である。
(4) スカラップ底は，応力集中しやすい箇所である。

解答　(2)

解 説

スカラップを設ける場合のその形状は，r=35mm程度と梁フランジ側のr=10mm以上の複合円とします。

【問題 4.2】

次の文は，ノンスカラップ工法について述べたものである。最も不適当なものを1つ選び，その番号に○印をつけなさい。

(1) ノンスカラップ工法による柱梁接合部は，力学的性能がすぐれている。
(2) 梁スパン中央部の補強リブプレートには，必ずノンスカラップ工法を用いる。
(3) ノンスカラップ工法は，溶接線が交差する。
(4) 現場溶接時の梁の下フランジは，ノンスカラップ工法が採用しにくい。

解答　(2)

解 説

梁スパン中央部の補強リブプレート部は一般に塑性変形能力を必要としないので，スカラップ方式やスニップカット方式を採用する例が多く，ノンスカラップ工法としなくてもよい。

【問題 4.3】

次の文は，エンドタブにおける代替タブについて述べたものである。最も不適当なものを1つ選び，その番号に○印をつけなさい。

(1) 代替タブには，フラックス製やセラミックス製がある。
(2) 代替タブを使用した溶接の場合，スチールタブに比べ溶接量が多くなる。
(3) 代替タブを使用した溶接の場合，端部に欠陥が生じやすい。
(4) 代替タブは，開先形状や厚さにあわせて，タブ形状を使い分けなければならない。

解答　(2)

解説

代替タブを使用した溶接の場合，スチールタブに比べ溶接量は少なくなります。

【問題 4.4】

次の文は，エンドタブについて述べたものである。最も不適当なものを1つ選び，その番号に○印をつけなさい。

(1) アークスタート時は，溶込不良が発生しやすいため，スチールタブを設けて母材内の発生を防ぐ。
(2) アークエンド時は，クレータ割れが生じやすいため，スチールタブ内でクレータ処理を行う。
(3) スチールタブは，母材表面に溶接して取り付ける。
(4) JASS 6によると，設計図書に特記がなければスチールタブは溶接終了後に切断しなくてもよい。

解答　(3)

解説

スチールタブは母材との組立て溶接を行わないこととしています。

【問題 4.5】

次の図は，梁貫通形式の柱梁溶接接合部の構成である。(1) から (4) の名称のうち，最も不適当なものを1つ選び，その番号に○印をつけなさい。

(1) スカラップ
(2) 内ダイアフラム
(3) 梁フランジ
(4) 裏当て金

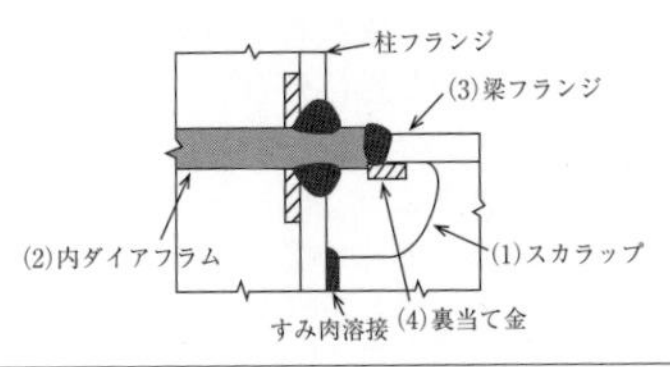

解答　(2)

解説

梁貫通形式の場合のダイアフラムは通しダイアフラムです。

【問題 4.6】

次の図は，柱貫通形式の柱梁溶接接合部の構成である。(1) から (4) の名称のうち，最も不適当なものを1つ選び，その番号に○印をつけなさい。

(1) スカラップ
(2) 通しダイアフラム
(3) 梁フランジ
(4) 裏当て金

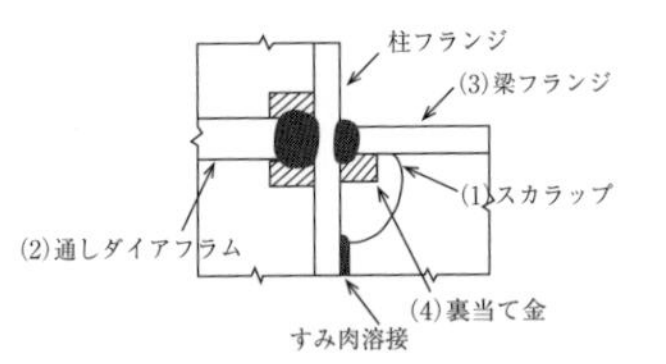

解答　(2)

解説

柱貫通形式の場合のダイアフラムは内ダイアフラムです。

【問題 4.7】

次の文は，（一社）日本建築学会の鉄骨工事技術指針に記述されている通しダイアフラムについて述べたものである。最も不適当なものを1つ選び，その番号に○印をつけなさい。
(1) 梁フランジの厚さが25mmの場合，通しダイアフラムの厚さは32mm程度が望ましい。
(2) 梁フランジと通しダイアフラムは，完全溶込み溶接の突合せ継手である。
(3) 通しダイアフラムの鋼材は，柱フランジと梁フランジの強度に対応したSN材のC種を用いるのが望ましい。
(4) 柱貫通形式の柱梁接合部で，コラムなどの閉鎖断面柱の内側に取り付けたダイアフラムを通しダイアフラムという。

解 答　（4）

解 説

梁通しタイプの柱梁接合部で，コラムなどの閉鎖断面を切断して取り付けたダイアフラムを通しダイアフラムといいます。

【問題 4.8】

次の文は，裏当て金について述べたものである。最も不適当なものを1つ選び，その番号に○印をつけなさい。
(1) 裏当て金に，SN材を使用する。
(2) 柱梁接合部において裏当て金への組立て用の隅肉溶接は，長さ40mm～60mm程度とする。
(3) レ形開先の完全溶込み溶接に裏当て金を用いる。
(4) 裏当て金は，母材に密着しないほうがよい。

解 答　（4）

解 説

裏当て金は，母材に密着させます。

なお，裏当て金は母材に適し溶接性に問題のない材質であればよいため，SN材であれば問題ありません。

【問題 4.9】

次の文は，鋼材の塗色による識別方法について述べたものである。最も不適当なものを1つ選び，その番号に○印をつけなさい。
(1) SN鋼材の材質識別表示記号は，JSSC((一社)日本鋼構造協会)の鋼材の識別表示標準がある。
(2) 切断加工後の鋼材は，塗色や記号表示などにより識別を行うことが重要である。
(3) 必要な寸法形状に加工した部材は，識別管理の必要がない。
(4) 鋼材の識別方法は，社内工作基準等で定めている工場が多い。

解答　(3)

解説

必要な寸法形状に加工した部材は，識別管理の必要があります。なお，JASS 6で材料の保管にあたって，現品の識別が可能な処置を講じると規定されています。

【問題 4.10】

次の文は，溶接用のシールドガスについて述べたものである。最も不適当なものを1つ選び，その番号に○印をつけなさい。
(1) 溶接ワイヤ YGW19を使用して，80%Ar + 20%CO_2を使った。
(2) 溶接ワイヤ YGW11を使用して，80%Ar + 20%CO_2を使った。
(3) 溶接ワイヤ YGW18を使用して，CO_2を使った。
(4) 溶接ワイヤ YGW15を使用して，80%Ar + 20%CO_2を使った。

解答　(2)

解説

溶接ワイヤがYGW11, YGW18の場合は，一般にCO_2(炭酸ガス)が使われます。

【問題 4.11】

次の文は，建築鉄骨溶接ロボット型式認証において，エンドタブについて述べたものである。最も不適当なものを1つ選び，その番号に○印をつけなさい。
(1) スチールタブは，一種の捨て金なので材質はどんなものでもよい。
(2) 代替タブは，溶接不完全部が発生しやすい始終端部が母材幅内に位置するので，適切な始端および終端の処理を行う必要がある。
(3) エンドタブには，スチールタブと代替タブとがある。
(4) スチールタブの材質が母材と同じであっても，組立て溶接を直接母材表面に行ってはいけない。

解答　(1)

解説

スチールタブ(鋼製タブ)は，母材と同等の材質とします。

【問題 4.12】

次の文は，裏当て金について述べたものである。最も不適当なものを１つ選び，その番号に○印をつけなさい。
(1) 裏当て金は，溶接性に問題がない鋼材を使用しなければならない。
(2) 裏当て金の鋼種は，母材と同一の鋼種を使用しなければならない。
(3) 母材がSN490BおよびSN490Cの場合，裏当て金はSN490Bを使った。
(4) 裏当て金は，完全溶込み溶接の初層で，溶接金属が溶落ちないために用いる。

解 答　(2)

解 説

裏当て金は，母材に適し，溶接性に問題がない材質で，溶落ちが生じない厚さの鋼材を使用します。必ずしも母材と同一の鋼種を使用する必要はありません。

【問題 4.13】

次の文は，完全溶込み溶接のルート間隔について述べたものである。最も不適当なものを１つ選び，その番号に○印をつけなさい。
(1) ルート間隔は，裏当て金を用いる継手のみに存在する。
(2) ルート間隔は，溶接技能者が自由に決めてはいけない。
(3) ルート間隔は，適切に溶接するのに必要な間隔である。
(4) ルート間隔は，溶接が行われる開先の底の間隔のことを示す。

解 答　(1)

解 説

ルート間隔は，裏当て金を用いる継手以外でも，例えば，裏当て金を用いない裏はつりする継手でも呼称します。

【問題 4.14】

次の文は，ガスボンベの色について述べたものである。最も不適当なものを1つ選び，その番号に○印をつけなさい。

(1) 80%アルゴン＋20%炭酸ガスの混合ガスのボンベの色は，黒色である。
(2) 炭酸ガスのボンベの色は，緑色である。
(3) アセチレンのボンベの色は，かっ色である。
(4) プロパンのボンベの色は，ねずみ色である。

解 答　（1）

解 説

80%アルゴン(Ar)＋20%炭酸ガス(CO_2)の混合ガスのボンベの色は，ねずみ色に緑の帯で表示されています。

アセチレンのボンベの色はJISにはありませんが，容器保安規則にかっ色(褐色)と指定されています。

【問題 4.15】

次の図は，開先形状各部の用語について説明したものである。最も不適当なものを1つ選び，その番号に○印をつけなさい。

(1) aは，ルート面という。
(2) bは，ルート間隔という。
(3) cは，開先角度という。
(4) dは，開先角度という。

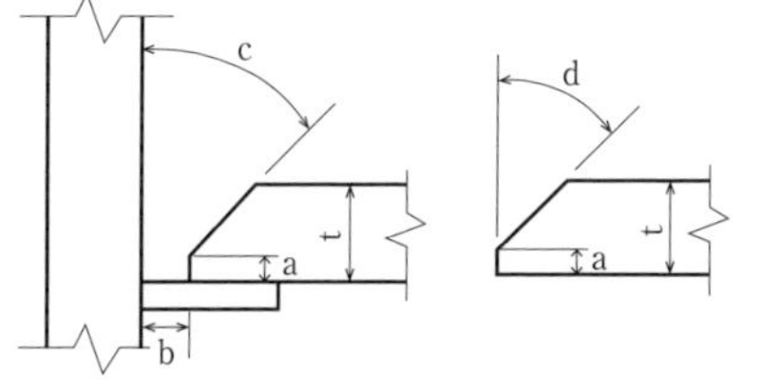

解 答　（4）

解 説

dは，ベベル角度といいます。

開先角度とは図中のcのことになり，2部材で構成された溶接する開先内の角度で，ベベル角とは図中のdのことになり，開先を構成する一部材だけの切断した角度のことです。

【問題 4.16】

次の文は，JASS 6 に従って行った組立て溶接について述べたものである。最も不適当なものを1つ選び，その番号に○印をつけなさい。

(1) 組立て溶接長さの最小値は，溶接する部材の厚さの範囲によって決まっている。
(2) 組立て溶接長さは，厚さに関係なく 20mm 程度のショートビードでもよい。
(3) 作業場の気温が−5℃～+5℃のときは，適切にウォームアップや予熱をして，組立て溶接を行う。
(4) 角形鋼管のコーナ部には組立て溶接を行わない。

解答　(2)

解説

組立て溶接長さは，ショートビードとならないように，JASS 6 で厚さの範囲で最小溶接長さが規定されています。最小溶接長さは，厚さ 6mm 超の場合 40mm，厚さ 6mm 以下の場合 30mm です。

【問題 4.17】

次の文は，柱梁接合部の工場溶接における，スチールタブの溶接状態および溶接後の処理について述べたものである。最も不適当なものを1つ選び，その番号に○印をつけなさい。

(1) 溶接後エンドタブの残しを 5mm 以下としてガス切断している。
(2) エンドタブを開先内で裏当て金に組立て溶接している。
(3) クレータがエンドタブの範囲内にある。
(4) エンドタブの背面を梁フランジの側面に組立て溶接している。

解答　(4)

解説

スチールタブ(鋼製タブ)は直接母材に組立て溶接してはいけません。

「溶接後エンドタブの残しを 5mm 以下としてガス切断している。」については JASS 6 ではエンドタブの切断の要否および切断要領は特記によるとしていますが，塑性変形能力が要求される梁端の接合部などでは，切断が望ましいとしていますので，不適当ではありません。

【問題 4.18】

次の文は，建築鉄骨における溶接の特徴について，建築鉄骨以外の構造物などの溶接と比べて述べたものである。最も不適当なものを１つ選び，その番号に○印をつけなさい。
(1) 厚さに対して溶接線が長い。
(2) 溶接線始端および終端の処理が多い。
(3) 完全溶込み溶接部は裏当て金付きレ形開先が多い。
(4) 周溶接となる場合が多い。

解答　（1）

【問題 4.19】

次の文は，建築鉄骨における溶接の特徴について，建築鉄骨以外の構造物などの溶接と比べて述べたものである。最も不適当なものを１つ選び，その番号に○印をつけなさい。
(1) 厚さに対して溶接線が短い。
(2) 溶接線始端および終端の処理が多い。
(3) 完全溶込み溶接部は裏はつりを行うレ形開先が多い。
(4) 接合部が立体的で複雑である。

解答　（3）

【問題 4.20】

次の文は，建築鉄骨における溶接の特徴について，建築鉄骨以外の構造物などの溶接と比べて述べたものである。最も不適当なものを１つ選び，その番号に○印をつけなさい。
(1) 周溶接となる場合が多い。
(2) 厚さに対して溶接線が短い。
(3) 完全溶込み溶接部は裏当て金付きレ形開先が多い。
(4) 溶接線始端および終端の処理が少ない。

解答　（4）

解説

建築鉄骨における溶接の特徴は，建築鉄骨以外の構造物などの溶接と比べると，下記などが挙げられます。

・厚さに対して溶接線が短い。
・溶接線始端および終端にエンドタブが必要のため処理が多い。
・完全溶込み溶接部は裏当て金付きレ形開先が多い。
・接合部が立体的で複雑。
・周溶接となる場合が多い。

解答・解説 5

ロボット溶接オペレータの果たすべき役割と建築鉄骨ロボット溶接の特徴

【問題 5.1】

次の文は，ロボット溶接の環境条件について述べたものである。最も不適当なものを1つ選び，その番号に○印をつけなさい。

(1) 気温が－5℃を下回る場合，ロボット溶接をしない。
(2) 風が1m/s以下の場合，ロボット溶接をしない。
(3) 雨漏りがある場合，処置が終了するまでロボット溶接をしない。
(4) 開先部が結露で濡れている状態のときは，ロボット溶接をしない。

解答　(2)

解説

気温が－5℃を下回る場合は，溶接を行ってはいけません。－5℃から＋5℃においても適切な予熱などの対策が必要です。ガスシールドアーク溶接の場合，風が2m/s以上ある場合には溶接を行ってはいけません。ただし，適切な防風処置を講じた場合は，この限りではありません。したがって，「風が1m/s以下の場合，ロボット溶接をしない。」が最も不適当です。漏水，結露など水分はブローホールなどの原因になりますので，これを取り除いた上で溶接を実施するようにします。

【問題 5.2】

次の文は，溶接ロボットを使って溶接する利点について述べたものである。その理由として最も不適当なものを1つ選び，その番号に○印をつけなさい。

(1) 熟練した溶接技能者不足を補え，また，作業環境の改善に役立つため。
(2) 高能率で品質の安定においても優れているため。
(3) ロボット溶接は，常に入熱・パス間温度を気にしなくてもよいため。
(4) ロボット溶接は，初期投資は高くなるが，長期的には製作コストが低くできるため。

解答　(3)

解説

溶接ロボットはパス間温度は必ずしも，直接温度管理をしている訳ではありませんので，状況に応じてロボット溶接オペレータによるパス間温度の確認は必要です。

【問題 5.3】

次の文は，建築鉄骨ロボット溶接オペレータについて述べたものである。最も不適当なものを1つ選び，その番号に○印をつけなさい。

(1) 溶接ロボットは，安全衛生に関する知識がなくても操作することができる。
(2) 日常点検や簡単な整備に対応できる。
(3) 溶接の知識を持ち，溶接時のトラブルに対応できる。
(4) 部材精度や組立て状態を見て，溶接してもよいかどうかの判断ができる。

解答　(1)

解説

建築鉄骨ロボット溶接オペレータには安全衛生に関する知識を要します。したがって，受験資格の中に「産業用ロボット安全衛生特別教育」修了証を保有していることとあります。オペレータの役割として，適切・正確な操作はいうに及ばず，ロボット溶接をしてよいかの判断能力，使用する溶接ロボットの型式認証範囲の把握，日常点検に関する対処，溶接欠陥防止などトラブルへの対応が必要とされます。

【問題 5.4】

次の文は，建築鉄骨ロボット溶接オペレータの役割について述べたものである。最も不適当なものを1つ選び，その番号に○印をつけなさい。

(1) 溶接ロボットに内蔵された溶接条件を建築鉄骨溶接ロボット型式認証の認証書で確認する。
(2) 溶接ロボットは自動で動くので，溶接中は安全柵内への人の侵入など安全に気を配る。
(3) 溶接ロボットの溶接中はアークの状態や異常を常に監視する必要がある。
(4) 溶接不完全部が生じた場合，溶接管理者に報告した上で，原因分析と防止対策を講じる。

解答　(3)

解説

溶接中は安全柵内に立ち入って，近くで溶接を確認することはできません。常時監視する必要はありませんが，離れた位置からのアークの音や光・スパッタの状態などで異常に注意を払うことは重要です。

【問題 5.5】

次の文は，建築鉄骨ロボット溶接オペレータの役割について述べたものである。最も不適当なものを1つ選び，その番号に○印をつけなさい。

(1) 使用する溶接ロボットはメーカによる定期点検による保守を行っていれば，オペレータは日常点検をしなくてもよい。
(2) 溶接に先立って，開先精度および組立て状況を確認する。
(3) 溶接中の入熱・パス間温度が建築鉄骨溶接ロボット型式認証範囲であることを確認する。
(4) 溶接後に溶接ビード外観に有害な溶接不完全部がないことを目視確認する。

解答　(1)

解説

溶接ロボットの性能を充分に引き出すには，メーカによる定期的な点検保守に加え，ロボットオペレータによる日ごろの日常点検が重要です。

【問題 5.6】

次の文は，建築鉄骨ロボット溶接オペレータが溶接ロボットを使用する判断について述べたものである。最も不適当なものを1つ選び，その番号に○印をつけなさい。

(1) 開先角度が建築鉄骨ロボット溶接型式認証範囲外であったので，認証範囲内に修正してから溶接した。
(2) ルート間隔が13mmで溶接した。
(3) 基本級のみの建築鉄骨ロボット溶接オペレータ適格性証明書を保有しているオペレータが下向姿勢で溶接した。
(4) 建築鉄骨溶接ロボット型式認証範囲内である板厚で溶接した。

解答　(2)

【問題 5.7】

次の文は，建築鉄骨ロボット溶接オペレータが溶接ロボットを使用する判断について述べたものである。最も不適当なものを1つ選び，その番号に○印をつけなさい。

(1) 鋼材の種類が建築鉄骨溶接ロボット型式認証範囲であったので，溶接を開始した。
(2) ルート間隔が9mmであったが，溶接を開始した。
(3) 建築鉄骨ロボット溶接オペレータ適格性証明書の基本級のみを保有しているオペレータが横向姿勢で，溶接を開始した。
(4) 建築鉄骨溶接ロボット型式認証範囲内である溶接ワイヤで，溶接を開始した。

解答　(3)

解説

建築鉄骨ロボット溶接オペレータは，使用する溶接ロボットの型式認証範囲内であることを確認して，溶接を実施します。型式認証項目には，鋼材の種類，板厚，開先角度，ルート間隔，溶接姿勢，溶接ワイヤなどが定められています。

ルート間隔が13mmの場合，型式認証範囲を超えているので，適正な範囲のルート間隔において溶接を行う必要があります。ここで，ルート間隔の上限が12mmを超えた溶接ロボットは現在の型式認証機種にはありません。また，ルート間隔9mmは現在のすべての型式認証機種において範囲内に収まっています。

建築鉄骨ロボット溶接オペレータの資格は基本級の下向姿勢，専門級の横向，立向姿勢と別れており，横向姿勢の溶接を行うには，専門級の横向の資格を保有している必要があります。

【問題5.8】

次の文は，ロボット溶接をするときの，オペレータの判断について述べたものである。最も不適当なものを1つ選び，その番号に○印をつけなさい。

(1) ダイアフラムと裏当て金の間に，1mmを超えるすき間がなかったので溶接した。
(2) 角形鋼管の角部全体に，1mmのすき間があったが溶接した。
(3) 角形鋼管と裏当て金の間に，1mmを超えるすき間がなかったので溶接した。
(4) ダイアフラムと裏当て金の間に，1mmを超えるすき間があったが，ダイアフラム側なので溶接した。

解答　（4）

【問題5.9】

次の文は，組立て溶接の状態を見て，ロボット溶接オペレータがとった処置について述べたものである。最も不適当なものを1つ選び，その番号に○印をつけなさい。

(1) 開先内の組立て溶接に多数のピットがあったが，そのまま溶接した。
(2) 組立て溶接が凸ビードになっていたので，グラインダで平滑に仕上げた。
(3) ダイアフラムと裏当て金の間に3mmのすき間があったので，適切に修正した。
(4) 全線にわたり1mmのすき間があったが，溶接した。

解答　（1）

解説

組立て溶接に多数のピットがあると溶接欠陥やセンシング不良の原因になりますので，適切に除去し組立て溶接をやり直します。したがって，これを取り除かないで，そのまま溶接することは，最も不適当です。(一社) 日本建築学会編　建築工事標準仕様書　JASS 6　鉄骨工事では，ダイアフラムと裏当て金の間のすき間の規定はありませんが，「T継手のすき間(隅肉溶接)」「重ね継手のすき間」の管理許容差2mm以下を準用して，ロボット溶接以外の溶接方法では2mm以下にすることが適切であるとされています。ダイアフラムと裏当て金の間の「はだすき」が大きい場合は溶接が裏へ抜ける恐れがあり，ロボット溶接の場合，人手によって裏抜けをしないように調節しながら溶接することはできないため，より狭い1mm以下のすき間が推奨されます。

【問題5.10】

建築鉄骨溶接ロボット型式認証試験の下向姿勢におけるパス間温度を測定する位置で，最も不適当なものを1つ選び，その番号に○印をつけなさい。
(1) 角形鋼管継手では，溶接を開始した面と反対の面の中央の開先側で測定する。
(2) 円形鋼管継手では，溶接線のスタート地点と同じ位置の開先側で測定する。
(3) 柱梁フランジ継手では，溶接線の長さ方向中央部の開先側で測定する。
(4) 通しダイアフラムと梁フランジ継手では，溶接線の長さ方向中央部の開先側で測定する。

解 答　(1)

解 説

建築鉄骨溶接ロボットの型式認証のための試験において，角形鋼管継手では，下向姿勢の溶接におけるパス間温度を測定する位置は，溶接を開始した面のスタート地点で測定が行われていますので，「角形鋼管継手では，溶接を開始した面と反対の面の中央の開先側で測定する。」が最も不適当です。

【問題5.11】

板厚が9mmの継手を3パスで溶接する場合，パス間温度の管理上，温度を測定する時点として，最も不適当なものを1つ選び，その番号に○印をつけなさい。
(1) 溶接を開始してから，1パスと2パスの間，2パスと3パスの間，最終層終了後で，計3回測定した。
(2) 溶接を開始してから，1パスと2パスの間，2パスと3パスの間で，計2回測定した。
(3) 溶接を開始する前に1回，1パスと2パスの間，最終層終了後で，計3回測定した。
(4) 溶接を開始する前に1回，1パスと2パスの間，2パスと3パスの間で，計3回測定した。

解 答　(3)

解 説

1パスと2パスの間，2パスと3パスの間の2回の測定温度がパス間温度です。開始前の測定温度と最終層終了後の測定温度はパス間温度ではありませんが，管理上測定するのは構いません。したがって，「溶接を開始する前に1回，1パスと2パスの間，最終層終了後で，計3回測定した。」は2パスと3パスの間の温度を測定していませんので，最も不適当です。

連続で溶接していくと，溶接を開始してから，1パス，2パス，3パスと次第に温度が上昇していくので，2パスと3パスの間が最もパス間温度が高くなる可能性が高く，計測する必要があります。初層溶接を行う直前（あるいは最初の溶接作業を開始する直前）の，加熱された場合の温度は予熱温度です。

【問題 5.12】

パス間温度を確認する場合，最も不適当なものを1つ選び，その番号に○印をつけなさい。

(1) 開先の縁から 10mm 離れた母材の温度を，温度チョークで確認する。
(2) 開先の縁から 10mm 離れた母材の温度を，熱電対で計測する。
(3) 開先の縁から 10mm 離れた溶接ビードの温度を，接触式温度計で計測する。
(4) 開先の縁から 10mm 離れた母材の温度を，非接触式温度計で計測する。

解答　(3)

解説

パス間温度は溶接ビードの温度ではなく，開先の縁から 10mm 離れた母材の温度を測定します。開先の縁から 10mm 離れた位置の開先内の溶接ビードの温度を測定するわけではありません。接触式温度計，熱電対は開先の縁から 10mm 離れた母材の温度を直接測定します。非接触式温度計は少し離れた位置から測定対象点を測定します。実際の施工では管理温度に対応した温度チョークを使用して簡易的に確認することも多く行われています。

【問題 5.13】

次の文は，パス間温度を確認する温度チョークについて述べたものである。最も不適当なものを1つ選び，その番号に○印をつけなさい。

(1) 温度チョークは，接触式温度計に比べ，安価で簡便に温度を判断することができる。
(2) 温度チョークは，使用する温度により色別された，棒状の蝋(ろう)である。
(3) 開先の縁から 10mm 離れた母材に，温度チョークを接触させて溶けるか否かでパス間温度を確認する。
(4) 開先の縁から 10mm 離れた母材に，温度チョークを接触させて色の変化でパス間温度を確認する。

解答　(4)

解説

温度チョークは材料に塗ると指定の温度に達すると溶けるので温度が分かる仕組みです。温度チョークはその組成を調整することにより融点を制御し，色別された棒状の蝋 (ろう) です。パス間温度を計測して管理する際に，表面温度計や温度チョークを用いて温度管理を行います。色の変化でパス間温度を確認できるのは温度チョークでなく示温材になります。示温材は特定の温度に達すると色が変わる特殊材料を用いた温度検知材で，クレヨン状のものがありあらかじめ塗布しておき，変色状態で判断します。

【問題 5.14】

次の文は，ロボット溶接する前に，組立て溶接の状態を確認した結果と，ロボット溶接オペレータがとった処置について述べたものである。最も不適当なものを1つ選び，その番号に○印をつけなさい。

(1) 梁溶接接合部で，柱梁ともに厚さが25mmで，仕口のずれが確認されたが3mmであったので溶接した。
(2) 溶接組立柱に大曲りが確認されたが，梁フランジを溶接した。
(3) 梁溶接接合部で，柱梁ともに厚さが25mmで，仕口のずれが8mmであったので，溶接管理者に指示を仰いだ。
(4) 溶接組立柱に大曲りが確認されたので，前工程に戻した。

解　答　（2）

解 説

柱梁の厚さがともに25mmの場合，仕口のずれeの管理許容差は$e \leqq 2 \times 25/15=3.3$かつ$e \leqq 3$mmであり，$e$=3mmは範囲内であるので正しいです。限界許容差（平成12年建設省告示第1464号に対応）は$e \leqq 25/5=5$かつ$e \leqq 4$mmであり，e=8mmは限界許容差の範囲を超えており，組立て精度が許容値外であることが確認された場合，溶接管理者に報告し指示を仰ぎます。溶接組立柱に許容値を超える大曲りが確認された場合も，そのまま溶接工程を進めずに，溶接管理者に指示を仰ぎ前工程に戻すなどの処置を行います。

溶接後の検査は全数検査になるため，限界許容差で判定しますが，溶接前の確認は全数検査でないため，さらに後工程もあるため，管理許容差で判断します。

仕口のずれ

仕口のずれ e	管理許容差	限界許容差
ダイアフラム／柱フランジ／梁フランジ／t_2／t_1／e	$t_1 \geqq t_2$　$e \leqq \frac{2t_1}{15}$ かつ $e \leqq 3$mm $t_1 < t_2$　$e \leqq \frac{t_1}{6}$ かつ $e \leqq 4$mm	$t_1 \geqq t_2$　$e \leqq \frac{t_1}{5}$ かつ $e \leqq 4$mm $t_1 < t_2$　$e \leqq \frac{t_1}{4}$ かつ $e \leqq 5$mm

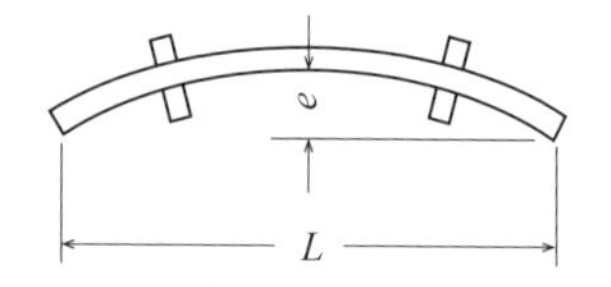

限界許容差　$e \leqq \frac{L}{1000}$ かつ $e \leqq 8$mm

柱の大曲がり

【問題 5.15】

次の文は，ロボット溶接を行う場合の開先内の組立て溶接について述べたものである。最も不適当なものを1つ選び，その番号に○印をつけなさい。
(1) 組立て溶接を YGW11 のワイヤで行い，脚長が 10mm になっていたので，グラインダで修正した。
(2) 組立て溶接を YGW18 のワイヤで，脚長 2mm で行った。
(3) 組立て溶接を YGW11 のワイヤで，脚長 3mm で行った。
(4) 組立て溶接を被覆アーク溶接棒で，脚長 5mm で行った。

解答　(4)

解説

角形鋼管と通しダイアフラムの組立ての場合，開先内に組立て溶接を行うことになります。組立て溶接は割れを低減する観点から，被覆アーク溶接より半自動溶接が望ましく，さらに溶接材料は低強度の YGW11 の方が望ましいとされています。また，組立て溶接が大き過ぎると本溶接により再溶融されないなどで欠陥が発生しやすくなるので，組立て溶接の高さは 3mm 程度以下にすることが推奨されています。開先内の組立て溶接の脚長過大はグラインダなどで仕上げ処理します。

【問題 5.16】

次の文は，建築鉄骨溶接ロボット型式認証されたロボット溶接のルート間隔について述べたものである。最も不適当なものを1つ選び，その番号に○印をつけなさい。
(1) ルート間隔の上限値と下限値は建築鉄骨溶接ロボット型式認証でその範囲が決まっている。
(2) ルート間隔の範囲は溶接ロボットの型式によって異なる場合がある。
(3) 裏当て金を使用する場合，ルート間隔はいくら広くてもよいが狭すぎるのはよくない。
(4) 開先内でルート間隔の最大と最小の差が大き過ぎないように組立て時に注意する。

解答　(3)

解説

溶接ロボットの型式認証においてそのロボット機種や種別によって，ルート間隔の範囲の下限と上限が決められていますので，その範囲内で溶接する必要があります。「裏当て金を使用する場合，いくら広くてもよい」は誤りです。型式認証の際にテーパーギャップで試験が行われていますが，ロボットメーカや機種によって開先内でのルート間隔の最大と最小の差が指定されている場合がありますので，組立て時に大き過ぎないように注意します。

【問題 5.17】

組立て溶接の長さが，通常40～60mm程度となっている理由で，最も不適当なものを1つ選び，その番号に○印をつけなさい。

(1) 溶接長さが短過ぎると溶接部が硬化することにより，溶接割れが懸念されるため。

(2) 溶接長さが長過ぎると母材が軟化することにより，鋼材の強度が低下するため。

(3) 溶接長さが短過ぎると溶接する部材の重量によってはハンドリングの際，外れる危険性が高いため。

(4) 溶接長さが長過ぎると鋼製エンドタブやスカラップ底に近づき過ぎることを回避するため。

解 答　（2）

解 説

組立て溶接の溶接長さが短過ぎると母材が硬化し割れの発生が懸念され，（一社）日本建築学会編　建築工事標準仕様書　JASS 6　鉄骨工事では40mm以上としています。長すぎても強度が低下することはありません。ハンドリング上，外れないための強度を確保する長さは必要ですが，組立て溶接は本溶接を補強するものではありませんので，必要以上に長くすることはありません。鋼製エンドタブとスカラップ底に近づくと，材質劣化や破壊の起点になる恐れがあるため，梁フランジの両端から5mm以内およびフィレット部のR止まりから5mm以内には組立て溶接は行わないこととされています。

【問題 5.18】

次の文は，ロボット溶接におけるシールドガス流量について述べたものである。最も不適当なものを1つ選び，その番号に○印をつけなさい。

(1) 工場内での CO_2 の流量は，10 ℓ /minで行った。
(2) 工場内での CO_2 の流量は，20 ℓ /minで行った。
(3) 工場内での CO_2 の流量は，30 ℓ /minで行った。
(4) 工場内での CO_2 の流量は，40 ℓ /minで行った。

解答　（1）

解説

ガスシールド不足によるブローホールを防止するには，工場溶接のような風速1m/s以下の環境では，図のように CO_2 溶接のガス流量は通常15～20 ℓ /min程度です。風速2m/s弱では，30 ℓ /min程度，シールドガスの流量を上げ，耐風性を高めることは可能ですが，これも限度がありせいぜい50 ℓ /min止まりが妥当です。無風の状態だとしても通常の母材とノズル間の距離（D）では10 ℓ /minは流量が少ないので，「CO_2 の流量は，10 ℓ /minで行った。」が最も不適当となります。

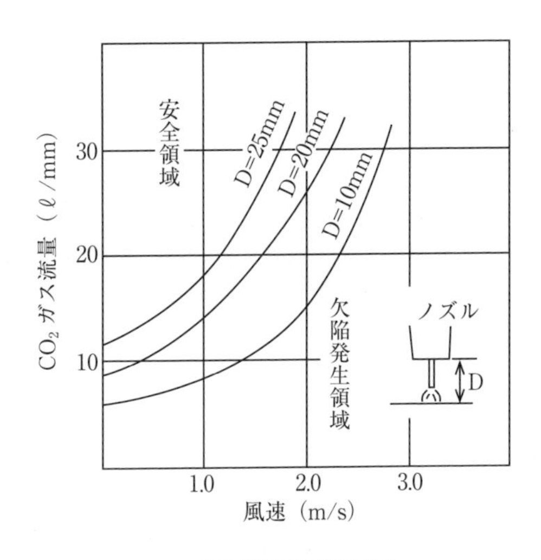

CO_2溶接のガス流量

【問題 5.19】

次の文は，ロボット溶接に用いるシールドガスについて述べたものである。最も不適当なものを1つ選び，その番号に○印をつけなさい。
(1) アルゴン＋炭酸ガスの混合の割合は，一般に，アルゴン20%，炭酸ガス80%である。
(2) 炭酸ガスは，JIS Z 3253のC1規格品とする。
(3) 炭酸ガスは，空気より重くピットのような場所にたまるため，換気が必要である。
(4) アルゴン＋炭酸ガスの混合ガスを使用した場合は，一般に，スパッタが少ない。

解答　(1)

解説

アルゴン＋炭酸ガスの混合の割合は，一般に，アルゴン80%，炭酸ガス20%です。したがって,「アルゴン20%，炭酸ガス80%である。」は不適当となります。

(一社)日本建築学会鉄骨工事技術指針・工場製作編(2018年版)には，シールドガス中の水分はブローホールや溶接割れの原因となるので，JIS Z 3253のC1規格品(CO_2ガス)あるいはM21規格品($Ar + CO_2$の混合ガスで酸素を含まない)を使用するとされています。

炭酸ガスの比重は空気の約1.5倍です。炭酸ガスを使用した場合，溶込みが深くなり作業能率も高い一方，混合ガスを使用した場合，比較的きれいなビード外観が得られ，スパッタも少ないことが特徴です。

【問題 5.20】

次の文は，溶接ロボットのトーチのノズルについて述べたものである。最も不適当なものを1つ選び，その番号に○印をつけなさい。
(1) 自動ノズル清掃装置が付属している場合であっても，ノズルの清掃は必要である。
(2) ノズルの緩み・汚れ・スパッタの付着など，ノズルの状態を確認する必要がある。
(3) ノズルには，スパッタ付着防止剤が厚く塗布されているので，スパッタは付着しない。
(4) ノズルにスパッタが多く付着すると，溶接部の品質に影響する。

解答　(3)

解説

ノズル用スパッタ付着防止剤を使用していても，ノズルの寿命は延びますが，スパッタ付着に対する注意が必要であることは変わりません。したがって，「ノズルには，スパッタ付着防止剤が厚く塗布されているので，スパッタは付着しない。」が最も不適当です。ノズル内にスパッタが多く付いてしまう場合や，ノズルの緩み・汚れの付着などによって，シールドガスの流れが乱れ，ブローホールを発生しやすくなりますので，ノズル内部の清掃はこまめに行うべきです。

解答・解説 6

安定稼働のための各種点検

【問題 6.1】

次の文は，日常点検・定期点検について述べたものである。最も不適当なものを1つ選び，その番号に○印をつけなさい。
(1) 点検の目的は初期性能を保持するためである。
(2) 点検の区分は年次，月次，週次のみである。
(3) 点検の区分はメーカ点検とユーザ点検がある。
(4) 点検時は点検チェックリストを利用する。

解答　(2)

【問題 6.2】

次の文は，日常点検・定期点検について述べたものである。最も不適当なものを1つ選び，その番号に○印をつけなさい。
(1) 点検の目的は安定な生産活動を実施するためである。
(2) 点検の区分は週次，日常，始業前のみである。
(3) 点検の区分はメーカ点検とユーザ点検がある。
(4) 点検時は点検チェックリストを利用する。

解答　(2)

【問題 6.3】

次の文は，日常点検・定期点検について述べたものである。最も不適当なものを1つ選び，その番号に○印をつけなさい。
(1) 点検の目的は初期性能を保持するためである。
(2) 点検の区分は年次，月次，週次，日常，始業前がある。
(3) 点検の区分はメーカ点検のみがある。
(4) 点検時は点検チェックリストを利用する。

解答　(3)

【問題 6.4】

次の文は，日常点検・定期点検について述べたものである。最も不適当なものを1つ選び，その番号に○印をつけなさい。
(1) 点検の目的は安定な生産活動を実施するためである。
(2) 点検の区分は年次，月次，週次，日常，始業前がある。
(3) 点検の区分はユーザ点検のみがある。
(4) 点検時は点検チェックリストを利用する。

解答　(3)

【問題 6.5】

次の文は，日常点検・定期点検の目的について述べたものである。最も不適当なものを1つ選び，その番号に○印をつけなさい。
(1) 設定された溶接トーチの稼働を正確に再現するため。
(2) 機械の不良を早期に発見するため。
(3) 初期性能を更新するため。
(4) 設定された溶接条件を正確に再現するため。

解答　(3)

【問題 6.6】

次の文は，日常点検・定期点検の目的について述べたものである。最も不適当なものを1つ選び，その番号に○印をつけなさい。
(1) 安定な生産活動を実施するため。
(2) 溶接品質のばらつきを多くするため。
(3) 生産ラインの停止時間を最小限に抑えるため。
(4) 機械の安全性に関する法規制を満たすため。

解答　(2)

【問題 6.7】

次の文は，日常点検・定期点検の目的について述べたものである。最も不適当なものを1つ選び，その番号に○印をつけなさい。
(1) 初期性能を保持するため。
(2) 溶接条件をランダムに再現するため。
(3) 機械の故障を早期に検出するため。
(4) 法的コンプライアンスを確保するため。

解答　(2)

【問題 6.8】

次の文は，日常点検・定期点検の目的について述べたものである。最も不適当なものを1つ選び，その番号に○印をつけなさい。
(1) 溶接条件が命令値通りであることを確認するため。
(2) 溶接トーチの稼働がプログラム通りであることを確認するため。
(3) 初期性能通りに稼働していることを確認するため。
(4) 溶接品質が不安定になっていることを確認するため。

解答　(4)

解説

建築鉄骨の溶接ロボットにおける各種点検は以下の目的があります。
- 初期性能を保持し，安定な生産活動を実施
- 設定された溶接トーチの稼働（運棒）と溶接条件を正確に再現することで，溶接品質のばらつきを低減
- 機械の不良や故障を早期に検出し，重大なトラブルになる前に対応することで，生産ラインの停止時間を最小限に留める
- 機械の安全性に関する法規制や規格要件を満たすために実施し，法的コンプライアンスを確保

また，点検の区分としては以下があります。
- 1年，半年，1ヵ月，週，日，始業前
- メーカ点検とユーザ点検

その管理方法としては，点検チェックリストを利用します。なお，点検は労働安全衛生法第28条第1項に基づき義務付けられています。

【問題 6.9】

次の文は，溶接機の日常点検について述べたものである。最も不適当なものを1つ選び，その番号に○印をつけなさい。
(1) 冷却ファンの円滑な回転音と冷却風の発生を確認する。
(2) 溶接機本体の異常な振動やうなり音が発生していないことを確認する。
(3) シールドガスの流量が正しいかを確認する。
(4) 冷却水循環器の水を交換する。

解答　(4)

解説

日常点検では，冷却水循環器の水の流れを確認する必要がありますが，交換を行うのは定期点検でよいです。

【問題6.10】

次の文は，アーク開始位置がずれている場合の処置について述べたものである。最も不適当なものを1つ選び，その番号に○印をつけなさい。
(1) トーチ先端位置およびトーチ角度を確認する。
(2) ロボットの関節各軸のずれを確認する。
(3) トーチケーブルの曲がりを確認する。
(4) ワイヤが，円滑に送給されていることを確認する。

解答　(4)

解説

アーク開始位置がずれている原因として，ワイヤの送給状況は無関係です。

【問題6.11】

次の文は，溶接ロボットの日常点検について述べたものである。最も不適当なものを1つ選び，その番号に○印をつけなさい。
(1) ロボット動作中に異常な振動や異音がないことを確認する。
(2) ロボットの基準姿勢，基準位置を確認する。
(3) 教示ペンダントのエラー表示が，でていないことを確認する。
(4) 制御盤の扉を開けて，内部に異常がないことを確認する。

解答　(4)

解説

制御盤の扉を開けてまで点検するのは，定期点検時でよいです。

【問題6.12】

次の文は，溶接トーチの日常点検について述べたものである。最も不適当なものを1つ選び，その番号に○印をつけなさい。
(1) 溶接トーチのノズルにスパッタがついていないかを確認する。
(2) コンタクトチップの穴に異常な摩耗がないことを確認する。
(3) コンジットチューブを取り外して，内部の汚れやめっきかすなどの詰まりがないことを確認する。
(4) オリフィスの穴のつまりがないことを確認する。

解答　(3)

解説

コンジットチューブを取り外して，内部の清掃は定期点検でよいです。

【問題 6.13】

次の文は，溶接機の定期点検について述べたものである。最も不適当なものを1つ選び，その番号に○印をつけなさい。
(1) 冷却ファンは，異常があった場合，修理あるいは交換する。
(2) 溶接機の接地(アース)は，正しくとってあるかどうかを確認する。
(3) 溶接機内部の変色，発熱のこん跡があるかないかを確認する。
(4) 溶接トーチのノズルにじん埃やスパッタがないかを確認する。

解答　(4)

解説

溶接トーチにじん埃(あい)やスパッタがないかを確認するのは日常点検で行います。

【問題 6.14】

次の文は，ワイヤ送給装置の定期点検について述べたものである。最も不適当なものを1つ選び，その番号に○印をつけなさい。
(1) ワイヤ送給ローラ周辺にめっきかすがないことを確認する。
(2) ワイヤ引出し装置からワイヤがスムーズに出ることを確認する。
(3) ワイヤ送給ローラの欠損，溝の摩耗がないことを確認する。
(4) 溶接ワイヤの残量があるか確認する。

解答　(4)

解説

溶接ワイヤの残量があるか確認するのは日常点検で行います。

【問題 6.15】

次の文は，ケーブル類の定期点検について述べたものである。最も不適当なものを1つ選び，その番号に○印をつけなさい。
(1) ケーブル接合部が，緩んでいないことを確認する。
(2) コンジットケーブルの曲げ半径がきつくなっていないことを確認する。
(3) トーチケーブルが損傷していないことを確認する。
(4) ケーブル類の被覆に損傷がないことを確認する必要はない。

解答　(4)

解説

ケーブル類の被覆に損傷がないことを確認するのは定期点検で行います。

解答・解説 7

ロボット溶接のトラブル対応

7.1　トラブル対応

【問題 7.1.1】

次の文は，溶接前のワイヤタッチセンサを用いたセンシングにおいて，センシング開始時にエラーが発生した原因について述べたものである。最も不適当なものを1つ選び，その番号に○印をつけなさい。

(1) ワイヤが収納されているペールパックが絶縁されておらず，センシング電圧が短絡している。
(2) 開先内にスパッタ付着防止剤が多量に付着している。
(3) 開先内の組立て溶接の表面にスラグが付着している。
(4) シールドガスがなくなっている。

解答　(4)

解説

ワイヤタッチセンサは，溶接ワイヤとワーク間にセンシング用の電圧を印加し，溶接ワイヤがワークに接触したときに生じる電圧降下を利用することでワーク位置や開先位置を検出し，教示プログラムの位置修正ならびに溶接条件の設定を行う機能です。シールドガスがなくなっていることは溶接品質に影響を与えますが，一般的にセンシングに影響を及ぼすことはないため，「シールドガスがなくなっている。」が最も不適当です。

ワイヤタッチセンサは，溶接ワイヤとワーク間を短絡させることでその位置情報を得るため，ペールパックに収納されている溶接ワイヤとロボットの台座間で短絡していると，センシング時にエラーが発生する可能性があります。

開先内のスパッタ付着防止剤が溶接ワイヤに付着することで溶接ワイヤ表面が汚れ，センシングの精度の低下や，センシングの読み取りが妨げられる可能性もあります。センシングに影響を与えないように，適切なスパッタ防止剤を選定することが重要です。

また，組立て溶接のスラグの厚みや形状によっては，センシング時に正確に測定されないことがあるため，スラグは適切に除去する必要があります。

【問題 7.1.2】

次の文は，ギャップセンシングにおいて，誤ってルート間隔を広く検出したときに起こる現象について述べたものである。最も不適当なものを１つ選び，その番号に○印をつけなさい。
(1) 余盛高さが高くなる。
(2) ウィービングの幅が狭くなる。
(3) スパッタが多量に発生しやすい。
(4) 入熱量が大きくなる。

解答　（2）

解説

ルート間隔を広く検出した場合は，プログラム上でウィービング幅は広くなるように修正されます。ウィービング幅が狭くなることはないため，「ウィービングの幅が狭くなる。」が最も不適当です。

ギャップセンシングでは，ワイヤタッチセンサでルート間隔を計測し，溶接が開始されると計測したルート間隔に応じて，溶接速度とウィービング（幅と回数）を適切に修正します。溶接の始端および終端をセンシングすることで，テーパーギャップにも対応することが可能です。

ギャップセンシングで誤ってルート間隔を広く検出すると，実際よりも大きなルート間隔であると誤認識し，溶接速度を遅くするとともに，ウィービング幅を広くし過剰な溶接を行う可能性があります。実際の開先断面積よりも過剰な溶接を行うため，余盛高さは高くなる可能性が高くなります。また，ウィービング幅が広くなり，溶接速度も遅くなるため，入熱量が大きくなる傾向になります。

また，過剰な溶接を実施しているため溶着金属量も増えていることからスパッタの量が増加し，入熱量が大きくなることでスパッタが広範囲に飛び散る傾向となります。

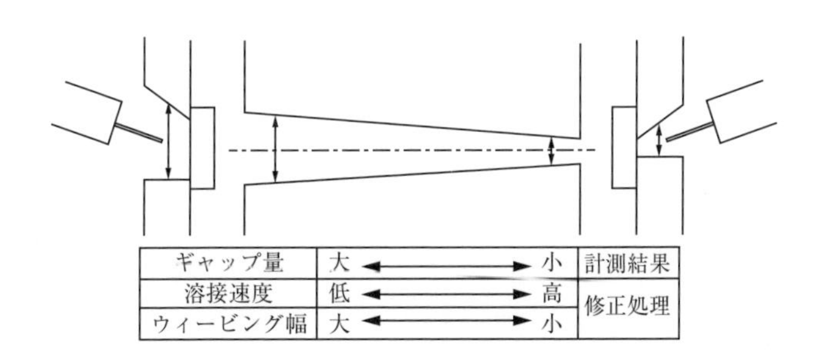

ギャップ量	大 ←――→ 小	計測結果
溶接速度	低 ←――→ 高	修正処理
ウィービング幅	大 ←――→ 小	

【問題7.1.3】

次の文は，溶接中にアークが途切れ，ロボットが止まった原因について述べたものである。最も不適当なものを1つ選び，その番号に○印をつけなさい。
(1) ギャップセンシングの際，ルート間隔を誤って極端に狭く検出した。
(2) 溶接ワイヤがなくなった。
(3) 裏当て金の溶落ちが発生した。
(4) コンジットケーブルが詰まって，溶接ワイヤの送給不良が発生した。

解答　(1)

解説

ギャップセンシングの際，ルート間隔を実際より極端に狭く検出することは，アーク切れと直接関係していないため，「ギャップセンシングの際，ルート間隔を誤って極端に狭く検出した。」が最も不適当です。

アーク切れとは，溶接中にアークが突然消失する現象であり，溶接プロセスが中断される状態を示します。

アーク切れの主な要因は以下の通りです。

アーク溶接では溶接ワイヤがアークによって溶融しながら供給されるが，ワイヤ供給装置の不具合（コンジットケーブルの詰まり，コンタクトチップの詰まり，送給ローラの溝の摩耗など）によりワイヤの供給が滑らかでない場合にアーク切れが発生することがあります。当然，ペールパック内の溶接ワイヤ自体がなくなれば，ワイヤ供給ができなくなるため，アーク切れの要因の1つとして挙げられます。

母材とコンタクトチップが溶着したときや，溶接ワイヤがコンタクトチップ内で融着したときなども，アーク切れが発生することがあります。

初層部の溶接時に裏当て金と母材のすき間が大きく，裏当て金が溶落ちることで，アーク切れが発生することもあります。

また，電源供給が不安定な場合にもアークが途切れることもあります。

【問題 7.1.4】

次の文は，角形鋼管柱と角形鋼管柱継手の角部分で，溶融池が流れ落ちた原因について述べたものである。最も不適当なものを1つ選び，その番号に○印をつけなさい。
(1) 溶接ロボットの軸がずれていた。
(2) 溶接トーチの取付位置がずれていた。
(3) 角部と平板部で異なる溶接条件で溶接を実施していた。
(4) 溶接速度が遅すぎた。

解答 （3）

解 説

溶融池が流れ落ちる原因として，①溶接の狙い位置，②溶接条件などが考えられます。

溶接ロボットの軸，トーチの取付位置がずれていると，溶接位置が不適切となり，重力などにより溶融池が流れ落ちる可能性があります。

溶接速度が遅すぎると上手く溶融池が形成されず流れおちることがあります。

通常，角部と平板部では，異なる溶接条件で溶接が実施されているため，溶融池が流れ落ちた原因としては，「角部と平板部で異なる溶接条件で溶接を実施していた。」が最も不適当です。角形鋼管の角部は，平板部に比べて溶接電流を下げて溶接速度を遅くして溶接することが一般的です。角部と平板部で異なる溶接条件にしている目的は，角部は曲げ加工を受けており，平板部より強度が上昇することが知られています。角部の強度上昇に対応した溶接部強度を確保するために，平板部よりもより低い入熱で行われることが一般的です。

【問題 7.1.5】

次の文は，角形鋼管と通しダイアフラム継手の仕口コアを溶接する際，不具合が生じた原因について述べたものである。最も不適当なものを1つ選び，その番号に○印をつけなさい。
(1) 通しダイアフラムに空気抜き孔が開いていたので，溶融池が吹き上がった。
(2) 通しダイアフラムの組立て溶接のサイズが極端に大きかったので，溶込不良が発生した。
(3) ギャップセンシングの際，ルート間隔を広く検出したので，余盛が大きくなった。
(4) ギャップセンシングの際，ルート間隔を狭く検出したので，融合不良が発生した。

解答　(1)

解説

空気抜き孔は通しダイアフラムの一部に開けられた小さな孔です。冷間成形角形鋼管と通しダイアフラムで構成されるいわゆるサイコロを製作する際，空気抜き孔がない場合，溶接熱によりサイコロ内の圧力が高くなることが知られています。サイコロ内の圧力が高くなることで，サイコロ内部より空気が吹き上がり，溶融池が吹き上がることがあります。通しダイアフラムに空気抜き孔を設置していれば，溶融池が吹き上がることはないと考えられるため，「通しダイアフラムに空気抜き孔が開いていたので，溶融池が吹き上がった。」が最も不適当です。

通しダイアフラムの組立て溶接は，本溶接で再溶融させることが基本的な考えです。(一社)日本建築学会編　鉄骨工事技術指針・工場製作編において，組立て溶接の脚長は，3mm以下にすることが推奨されています。通しダイアフラムの組立て溶接の脚長が極端に大きい場合，本溶接で完全に再溶融させることが困難となり，溶込不良の原因となり得ます。

ギャップセンシングでは，ワイヤタッチセンサでルート間隔を計測し，溶接が開始されると計測したルート間隔に応じて，溶接速度とウィービング(幅と回数)を適切に修正し，良好な溶接品質を確保するために重要な機能です。

ギャップセンシングでルート間隔を誤って広く検出した場合，溶接ロボットは実際よりも大きなルート間隔であると認識するため，ロボットは開先内により多くの溶接ワイヤを溶融させようとして，余盛は大きくなる傾向になります。

逆に，ギャップセンシングでルート間隔を誤って狭く検出した場合，溶接ロボットは実際よりも小さなルート間隔であると認識するため，開先内に適切に溶接金属を充填することが難しくなり，融合不良が発生することが考えられます。

【問題 7.1.6】

次の文は，開先が残り，ビード幅が狭くなった原因について述べたものである。最も不適当なものを１つ選び，その番号に○印をつけなさい。
(1) ギャップセンシングの際，誤ってルート間隔を広く検出した。
(2) ワイヤの送給不良が生じていた。
(3) 厚さの値を誤って3mm薄く入力していた。
(4) 溶接中の狙い位置がダイアフラム側にずれていた。

解答 (1)

解説

ギャップセンシングの際，ルート間隔を誤って広く検出した場合，以下のような問題が生じる可能性があります。溶接ロボットは実際よりも大きなルート間隔があると認識し，そのため，ロボットは開先内により多く溶接ワイヤを溶融させようとして，余盛は過大となり，ビード幅は広くなる可能性があります。

逆に，ルート間隔を誤って狭く検出した場合は，溶接ロボットは実際よりも小さなルート間隔があると認識し，ロボットは溶融金属を開先内に適切に充填することが難しくなります。その結果，開先が残り，ビード幅が狭くなる可能性があります。

したがって，「ギャップセンシングの際，誤ってルート間隔を広く検出した。」が最も不適当です。

ワイヤの送給不良により，溶着量が減り，開先が残ることが考えられます。ワイヤの送給不良の要因としては，コンジットケーブルの詰まり，送給ローラの摩耗などが挙げられます。

厚さを3mm薄く入力した場合，溶接ロボットは実際の厚さよりも薄い板だと認識し，ロボットは溶融金属を開先内に適切に充填することが難しくなります。

ロボットの動作が正確でない場合，溶接位置がずれたり，溶接アークが安定しなかったりすることがあります。これにより，開先が残ったり，ビード幅が狭くなることがあります。

【問題 7.1.7】

次の文は，余盛が低く，開先が残った原因について述べたものである。最も不適当なものを1つ選び，その番号に○印をつけなさい。

(1) ギャップセンシングの際，誤ってルート間隔を狭く検出した。
(2) 寸法入力時に，誤って厚さを実際より薄く入力していた。
(3) シールドガスの流量が過大であった。
(4) コンジットケーブルが詰まって，溶接ワイヤの送給不良が発生した。

解 答　(3)

解 説

ギャップセンシングの際，ルート間隔を誤って狭く検出した場合，以下のような問題が生じる可能性があります。溶接ロボットは実際よりも小さなルート間隔があると認識し，ロボットは溶融金属を開先内に適切に充填することが難しくなります。その結果，開先が残り，ビード幅が狭くなる可能性があります。

厚さの入力を実際より薄く入力した場合，溶接ロボットは実際の厚さよりも薄い板だと認識し，ロボットは溶融金属を開先内に適切に充填することが難しくなる可能性があります。

シールドガスの流量が過大である場合，シールドガスが乱れてピットやブローホールの発生の要因となるが，余盛が低く，開先が残る原因とはならないため,「シールドガスの流量が過大であった。」が最も不適当です。

コンジットケーブルが詰まると溶接ワイヤの送給不良が発生し，溶融池が成形されず，開先が残る可能性があります。

【問題 7.1.8】

次の文は，角形鋼管柱と通しダイアフラム継手で組立て溶接箇所から溶込不良および融合不良が検出された場合の対策について述べたものである。最も不適当なものを1つ選び，その番号に○印をつけなさい。

(1) 組立て溶接を，半自動溶接から被覆アーク溶接に変えるように指示した。
(2) 組立て溶接時によく溶込ませるように，組立担当者に注意を促した。
(3) 組立て溶接の余盛が高いので，グラインダで削ることにした。
(4) 組立て溶接の溶接条件を再検討するように指示した。

解答　(1)

解説

角形鋼管と通しダイアフラムの開先面の組立て溶接の脚長は3mm以下とし，溶接線方向に向かってビード幅や高さは均一になるように注意する必要があります。これらが均一でない場合，ロボット溶接では，センシング不良や溶接時の狙いずれの発生の原因となります。

開先内の組立て溶接の不良はグラインダ仕上げなどの処理にて対応することが望ましいです。

(一社) 日本建築学会編　鉄骨工事技術指針・工場製作編によると，組立て溶接・すき間を修正するための溶接は，すべて半自動溶接で行うことが望ましい。また，その際に使用する溶接ワイヤにはソリッドワイヤとフラックス入りワイヤが考えられるが，いずれの場合も直径1.2mm以下のワイヤを使用することが望ましいです。

半自動溶接から被覆アーク溶接に変更することは溶込不良や融合不良の対策とならないため，最も不適当であります。

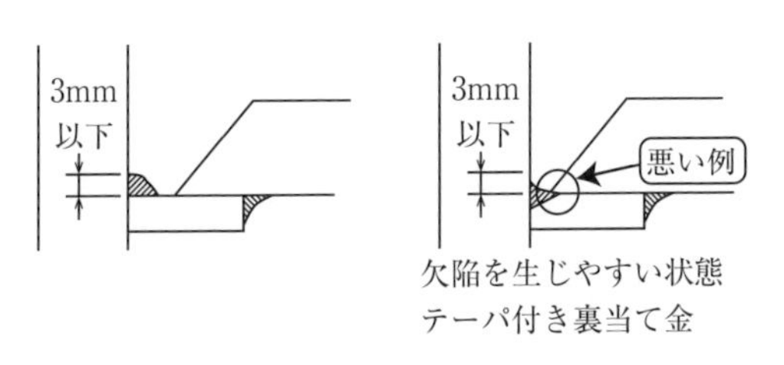

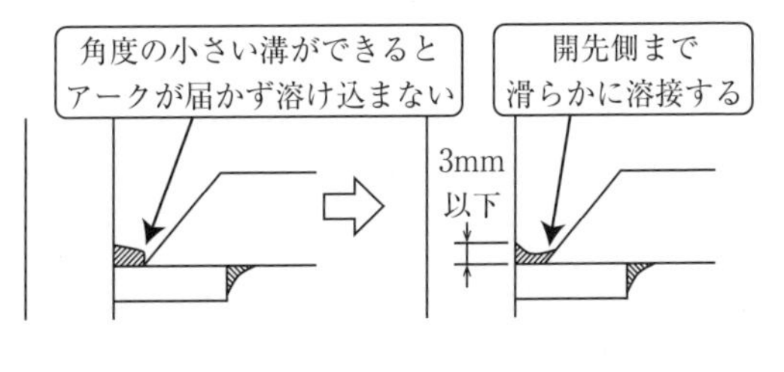

【問題 7.1.9】

次の文は，ロボットの不具合予防策について述べたものである。最も不適当なものを1つ選び，その番号に○印をつけなさい。

(1) 溶接ロボットの安定稼動のため，1年に1回はロボットメーカに定期点検を行ってもらう。
(2) 溶接品質が順調であれば，日常点検は必要ない。
(3) 溶接ロボットで高品質な溶接を安定して行うためには，組立工程とのコミュニケーションが大事である。
(4) 日々のメンテナンスにより，溶接ロボットのトラブルを予防できる。

解答　(2)

解説

ロボットを安定的に稼働するためには，年次点検，月次点検，週次点検，日常点検（始業前点検）が必要です。特に，1年に1回もしくは半年に1回はロボットメーカによる定期点検を実施することが望ましいです。

溶接品質が順調であっても，日常点検は必要であるため，「溶接品質が順調であれば，日常点検は必要ない。」が不適当です。

溶接ロボットオペレータの役割として，組み立てられたワークを見て，ロボット溶接が行えるかどうかの判断ができることが求められています。行えないと判断した場合には，組立て工程についてよく相談しながら，対処することが重要です。

7.2　溶接不完全部（溶接欠陥）

【問題 7.2.1】

次の文は，T継手の完全溶込み溶接の余盛高さについて述べたものである。最も不適当なものを1つ選び，その番号に○印をつけなさい。
(1) 厚さ 12mm の梁フランジを溶接後，余盛高さが 10mm だったので合格とした。
(2) 厚さ 16mm の梁フランジを溶接後，余盛高さが 10mm だったので合格とした。
(3) 厚さ 28mm の梁フランジを溶接後，余盛高さが 18mm だったので合格とした。
(4) 厚さ 32mm の梁フランジを溶接後，余盛高さが 18mm だったので合格とした。

解 答　（3）

解 説

（一社）日本建築学会編　建築工事標準仕様書　JASS 6　鉄骨工事によると，T継手の梁フランジ溶接の余盛高さの限界許容差は厚さ $t \leqq 40$mm では，$h + \Delta h$（ここで，$h=t/4$，$\Delta h=0 \sim 10$mm）です。厚さ $t=12$mm の場合，余盛高さ 3 ～ 13mm，厚さ $t=16$mm の場合，余盛高さ 4 ～ 14mm，厚さ $t=28$mm の場合，余盛高さ 7 ～ 17mm，厚さ $t=32$mm の場合，余盛高さ 8 ～ 18mm が限界許容差内となります。なお，溶接部が管理許容差で判定していないのは，溶接部の外観検査は全数検査であるからです。

【問題 7.2.2】

次の文は，柱と梁の仕口のずれおよび突合せ継手の食違いについて述べたものである。最も不適当なものを1つ選び，その番号に○印をつけなさい。
(1) T継手完全溶込み溶接部の柱と梁の仕口のずれの許容差は，平成 12 年建設省告示第 1464 号で定められている。
(2) T継手完全溶込み溶接部の柱と梁の仕口のずれの許容差は，JASS 6 で定められている。
(3) 通しダイアフラムと梁フランジの溶接は，通しダイアフラムの板厚内で溶接しなければならない。
(4) 通しダイアフラムと梁フランジの食違い量は，鋼板の厚さの 1/10 まで許容される。

解 答　（4）

解 説

仕口のずれの許容差は平成 12 年建設省告示第 1464 号で許容値が，（一社）日本建築学会編　建築工事標準仕様書　JASS 6　鉄骨工事では管理許容差と限界許容差が規定されています。また，同告示によれば，通しダイアフラムと梁フランジの溶接部にあっては，梁フランジは通しダイアフラムの板厚内部で溶接しなければならないと規定されており，食違い量が鋼板の厚さの 1/10 の値以下とされるのは突合せ継手の食違いの場合です。

【問題 7.2.3】

次の文は，溶接欠陥を検出する方法について述べたものである。最も不適当なものを1つ選び，その番号に○印をつけなさい。
(1) アンダカットは，外観検査で確認する。
(2) オーバラップは，外観検査で確認する。
(3) ブローホールは，外観検査で確認する。
(4) のど厚不足は，外観検査で確認する。

解 答　(3)

【問題 7.2.4】

次の文は，溶接欠陥を検出する方法について述べたものである。最も不適当なものを1つ選び，その番号に○印をつけなさい。
(1) 層間の融合不良は，超音波探傷試験で検出できる。
(2) 単独のブローホールは，放射線透過試験で検出できる。
(3) スラグ巻込みは，浸透探傷試験で検出できる。
(4) 表面割れは，磁粉探傷試験で検出できる

解 答　(3)

解 説

『溶接不完全部』は，JIS Z 3001-4(溶接用語－第4部：溶接不完全部)に定義されており,「理想的な溶接部からの逸脱」とあり，判定する前の不具合部となります。それに対して,『溶接欠陥』は「許容されない不完全部」とあり，基準値に照らし合わせて検査し，許容値を超えたと判断され不合格となった溶接不完全部のことを言います。

以下に，代表的な溶接不完全部(溶接欠陥)とその検査方法を述べます。

・表面の不完全部(表面欠陥)：ピット，アンダカット，オーバラップ，クレータの状態，表面の割れ，ビード表面の不整，余盛高さ(過大，過小)，のど厚不足，すみ肉の脚長（過大，過小）など溶接部表面に生じた不完全部は，外観検査（VT）で確認します。目視による方法のほか，溶接ゲージ，スケールなどの計器を用いて寸法を測定したり，表面の割れなどは浸透探傷試験(PT)や磁粉探傷試験(MT)を併用して検出します。
・内部の不完全部(内部欠陥)：ブローホール，溶込不良，融合不良，スラグ巻込み，内部の割れなど溶接部内部に生じた不完全部は，超音波探傷試験(UT)や放射線透過試験(RT)で検出します。

溶融金属中に発生したガスによって凝固後の溶接金属部に生じた空洞のうち，溶接金属中に閉じ込められている球状のものをブローホール，表面

に開口した気孔をピットと呼び，前者は超音波探傷試験や放射線透過試験で，後者は目視により外観検査で確認します。ブローホール，スラグ巻込みは溶接内部の不完全部なので外観検査や磁粉探傷試験では検出できません。

【問題 7.2.5】

次の溶接用語のうち，溶接金属内部の溶接不完全部の名称として，最も不適当なものを1つ選び，その番号に○印をつけなさい。

(1) ブローホール
(2) 溶込不良
(3) スラグ巻込み
(4) スパッタ

解答　(4)

解説

ブローホール，溶込不良，スラグ巻込みともに溶接部内部に発生する不完全部の種類です。スパッタはアーク溶接などにおいて，溶接中に飛散した金属粒で，短絡解放時に発生するもの，瞬間的短絡によって発生するもの，移行溶滴の爆発によって発生するもの，溶融池からのガス放出に起因して発生するものなどがあります。母材表面に付着したものは溶接不完全部の一種となります。適切な工具でスパッタの除去などの清掃を行います。溶接金属内部の溶接不完全部の名称として，最も不適当なものはスパッタになります。

【問題 7.2.6】

次の溶接用語のうち，溶接金属表面の溶接不完全部の名称として，最も不適当なものを1つ選び，その番号に○印をつけなさい。
(1) 熱影響部
(2) 割れ
(3) アンダカット
(4) ピット

解答　(1)

解説

『熱影響部』は溶接の熱で組織や機械的性質などに変化が生じた溶接金属の周囲に位置する溶融していない母材の部分で，略称HAZといいます。これ自体は母材から性質が変化したものですが，溶接欠陥（溶接不完全部）ではありません。熱影響部（HAZ）には割れが発生する場合があり，割れの分類としてビード下割れ，止端割れなどがあります。割れ，アンダカット，ピットは溶接ビード表面の溶接不完全部の名称です。

【問題 7.2.7】

次の溶接不完全部のうち，外観検査ではわからないものを1つ選び，その番号に○印をつけなさい。
(1) ブローホール
(2) アンダカット
(3) ピット
(4) オーバラップ

解答　(1)

解説

ブローホールは，溶接部内に残留した気孔であり，外観検査では発見することができません。溶接部表面に気孔が開口したものがピットとなります。アンダカットやオーバラップも溶接部表面の不完全部です。

【問題 7.2.8】

次の項目のうち，外観検査ではわからないものを1つ選び，その番号に○印をつけなさい。
(1) 融合不良
(2) ビード不整
(3) クレータの状態
(4) 余盛高さ

解答　(1)

解説

融合不良は，溶接ビード境界面が充分に融け合っていない溶接部を指し，溶接金属と母材の間，多層盛のパス間に発生する内部欠陥（溶接不完全部）です。融合不良は，一般的に，非破壊検査（超音波探傷検査，放射線透過検査）を用いて検出します。

【問題 7.2.9】

次の文は，ロボット溶接後の処置について述べたものである。最も不適当なものを1つ選び，その番号に○印をつけなさい。
(1) 余盛が厚さに対して少ないように思えたのでゲージで測定した。
(2) スラグを除去して溶接部全体を検査した。
(3) 溶接終了後，検査の前に塗装工程に回した。
(4) アンダカットの深さを測定した。

解答　(3)

解説

溶接終了後にまず検査を行い，合格した後に塗装工程に回します。塗装すると検査できなくなりますので，「溶接終了後，塗装工程に回した。」が不適当です。外観検査は目視で行い必要に応じてゲージやスケールで寸法測定を行います。アンダカットは平成12年建設省告示第1464号で，大きさに応じて深さの許容値が異なるので，測定します。また，スラグがあると表面や溶接止端部の割れやアンダカットを見逃す恐れがあります。

【問題 7.2.10】

次の文は，アンダカットの検査について述べたものである。最も不適当なものを1つ選び，その番号に○印をつけなさい。

(1) アンダカットの長さや深さが，許容値以内であれば補修をしなくてよい。

(2) アンダカットを目視で検査する場合は，判定基準を十分に頭に入れた上で実施することが必要である。

(3) アンダカットゲージには，ダイヤルゲージを用いたものがある。

(4) アンダカットの形状はV形（鋭角）とU形（鈍角）に大別されるが，U形の方が繰返し荷重に対し特に危険である。

解答　(4)

解説

一般的に，溶接欠陥の先端は，丸みをもっているU形のものより，先端が鋭いV形の方がひずみ集中が大きく繰返し荷重に対し危険であるため，「U形の方が繰返し荷重に対し特に危険である。」が最も不適当です。

なお，平成12年建設省告示第1464号では，「0.3mmを超えるアンダカットは，存在してはならない。ただし，アンダカット部分の長さの総和が溶接部分全体の長さの10%以下であり，かつ，その断面が鋭角的でない場合にあっては，アンダカットの深さを1mm以下とすることができる。」とあります。深さが1mmを超えない浅い場合は，断面欠損にならないように注意して，グラインダなどでカット部分をなだらかに整形すると良いです。

【問題 7.2.11】

次の文は，溶接部の割れについて述べたものである。最も不適当なものを1つ選び，その番号に○印をつけなさい。

(1) 予熱を行うことは，低温割れ防止の有効な手段である。

(2) クレータ割れは，低温割れの一種である。

(3) 高温割れは，拘束力が大きいときに発生しやすい。

(4) 後熱を行うことは，低温割れ防止の有効な手段である。

解答　(2)

解説

クレータ割れは溶接部終端部のクレータに生じる割れです。クレータ割れは主として高温割れです。クレータ部分では溶融池の周辺部から中心部に向かって凝固が進むため，クレータの中央部にへこみがあると，大きな収縮応力が発生し，これがクレータ割れの主な原因となるので，対策として盛り上げるようにします。クレータ割れには溶接線方向に沿ったもの，溶接線に直交方向のもの，放射状(スタークラック)のものなどがあります。

低温割れは溶接後，溶接部の温度が常温付近（通常300℃以下）に低下してから発生する割れの総称で，ルート割れ，ビード下割れ，止端割れなどがあります。予熱や後熱は有効な防止手段です。

【問題7.2.12】

次の図は，溶接部の欠陥を表したものである。最も不適当なものを1つ選び，その番号に○印をつけなさい。

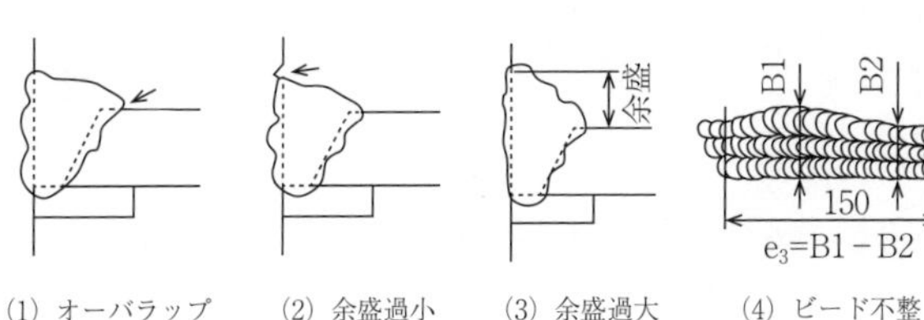

解答　（2）

解説

下図は余盛過小でなく，アンダカットを示していますので，不適当です。

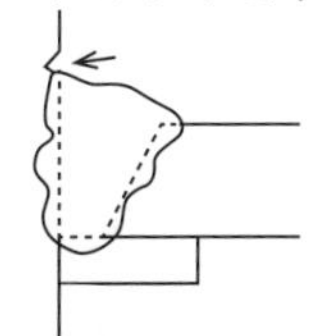

【問題7.2.13】

次の図は，溶接部の欠陥を表したものである。最も不適当なものを1つ選び，その番号に○印をつけなさい。

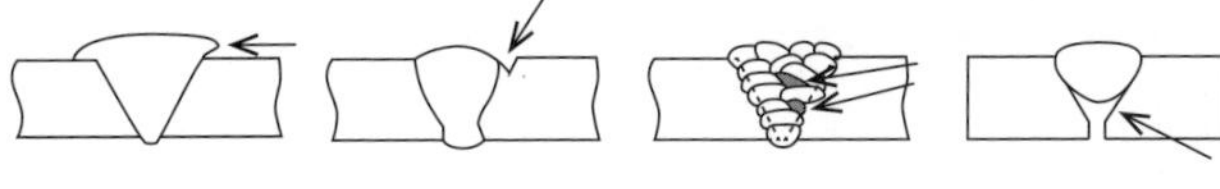

解答　（4）

解説

下図はのど厚不足ではなく。溶込不良を示していますので，不適当です。

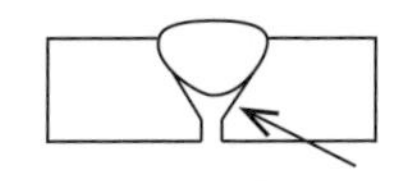

7.3　溶接不完全部（溶接欠陥）の発生要因と防止策

【問題 7.3.1】

次の文は，各種溶接不完全部の防止策である。最も不適当なものを1つ選び，その番号に○印をつけなさい。

(1) 融合不良を防止するには，前層ビードの止端部を滑らかに成形してから，次層を溶接する。
(2) 梨（なし）形割れが発生する恐れがある場合，開先角度を広める。
(3) ブローホールの防止策として，防風対策を講じる。
(4) スラグ巻込みを防止するには，開先角度を狭くする。

解 答　（4）

解 説

スラグ巻込みは，スラグが溶融池内に取り込まれ，溶接ビード内部に封じ込められることによって発生します。スラグ巻込みの防止策として，スラグが形成された場合，適切なタイミングでスラグを除去することが重要です。開先角度を狭くすることは，スラグ巻込みの有効な防止対策とはなりません。

【問題 7.3.2】

次の文は，各種溶接不完全部の防止策について述べたものである。最も不適当なものを1つ選び，その番号に○印をつけなさい。

(1) ルート部に溶込不良が発生したので，開先角度を広くし，ルート面を小さくする。
(2) ブローホールの原因は，溶接金属中の窒素・一酸化炭素・水素などのガスによるものであり，シールドガスの流量にも関係する。
(3) 融合不良の防止のためには，できるだけ開先角度を広くするのがよい。
(4) 開先面がさびていても，溶接電流を大きくして溶接すれば，ブローホールは発生しない。

解 答　（4）

解 説

ブローホールの有効な防止対策は，溶接前に開先面のさび，汚れ，水分などを適切に除去すること，溶接中のシールド性を確保することなどが重要であります。

開先面がさびたまま溶接するとブローホールの発生要因になります。

溶接電流，アーク電圧，溶接速度などの溶接条件が不適切な場合も気孔（ブローホールおよびピット）発生の原因となります。例えば，溶接電流を大きくして高速溶接すると，長く伸びた溶融池を十分にシールドできず，ブローホールが発生します。また，アーク電圧が低すぎるとアークが乱れ，溶融池の中にシールドガスが巻き込まれ，シールド性が確保できなくなることがあります。

【問題 7.3.3】

次の文は，各種溶接不完全部の防止策について述べたものである。最も不適当なものを1つ選び，その番号に○印をつけなさい。

(1)突合せ継手の融合不良を防止するには，前パスの凸ビードをグラインダで平滑にする。

(2)完全溶込み溶接でのスラグ巻込みを防止するには，前パスのビードを清掃する。

(3)ブローホールを防止するには，ガス流量を2ℓ/minに低減する。

(4)下向姿勢の突合せ継手のアンダカットを防止するには，溶接電流を低くする。

解答　(3)

解説

融合不良を防止するために，前パスの凸ビードをグラインダで平滑にすることは，融合不良を防止するのに有効な方法です。

スラグ巻込みとは，スラグが溶接金属の凝固過程で，浮上しないまま凝固し，溶接金属中に閉じ込められた溶接不完全部です。スラグ巻込みの防止には，前パスのビードを清掃することは有効です。厚めのスラグを残した状態で溶接を続けてしまうと，アークが不安定になり，スラグ巻込みが発生しやすくなります。

ブローホールを防止するには，工場内の環境では，ガス流量は20～30ℓ/min程度が適当です。

アンダカットの発生要因として，一般的に溶接電流や溶接速度が過剰に高いことが知られています。溶接電流を低くすることは，アンダカットの防止するのには有効です。

【問題 7.3.4】

次の文は，各種溶接不完全部の成因について述べたものである。最も不適当なものを1つ選び，その番号に○印をつけなさい。

(1) スラグ巻込みは，スラグが溶接金属の凝固過程で，浮上しないまま凝固し，溶接金属中に閉じ込められた溶接不完全部である。

(2) 融合不良は，溶接ビードと開先面またはビードとビードの間に発生した溶接不完全部である。

(3) アンダカットは，溶接ビードの止端に沿って母材が掘られ，溶接金属が満たされないで，溝となった表面の溶接不完全部である。

(4) 低温割れは，窒素などのガスが溶融池から浮上しないうちに溶接金属が凝固し，その内部に閉じ込められたために発生した溶接不完全部である。

解答　(4)

解説

「低温割れは，窒素などのガスが溶融池から浮上しないうちに溶接金属が凝固し，その内部に閉じ込められたために発生した溶接不完全部である。」は，ブローホールについての記載であり，低温割れの記載ではありませんので，最も不適当です。

低温割れは200～300℃より低い温度域で発生する溶接割れです。

【問題7.3.5】

次の文は，T継手の完全溶込み溶接における下向姿勢のアンダカットの発生原因について述べたものである。最も不適当なものを1つ選び，その番号に○印をつけなさい。
(1) アーク電圧が高すぎる。
(2) 溶接速度が遅すぎる。
(3) 溶接電流が高すぎる。
(4) ウィービングピッチが粗すぎる。

解答　(2)

解説

アンダカットとは，溶接の止端に沿って母材が掘られて，溶着金属が満たされないで溝となって残っている溶接不完全部のことです。

アンダカットの発生原因として，一般的に溶接電流や溶接速度が過剰に高いこと，また，ウィービングの幅が大きくなり過ぎたり，ウィービングピッチが粗すぎても，アンダカットが発生する原因になります。

一般的に，溶接速度が速くなると，図のように溶接ビードが不連続（ハンピングビード）になると言われおり,「溶接速度が遅すぎる。」が最も不適当です。

アンダカットを防止するためには，溶接電流と溶接速度の調整により，適正な溶着金属量が得られるようにすることが重要です。溶接電流を低くし，溶接速度も低下させ，また，アーク電圧は若干低めの設定とすることが有効です。

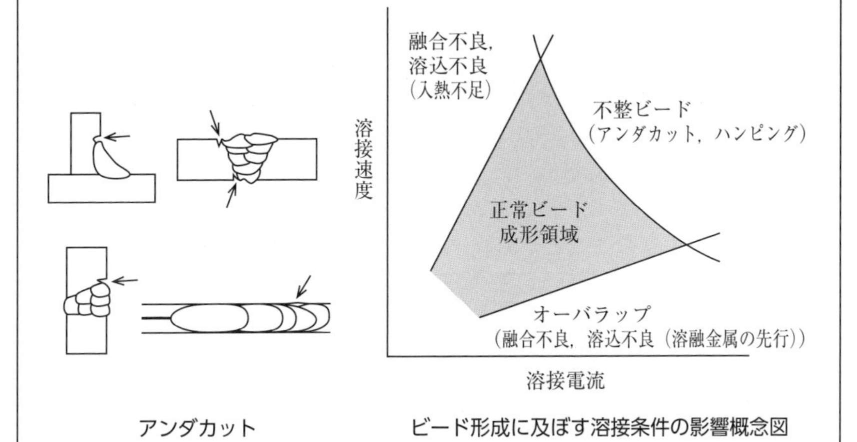

アンダカット　　ビード形成に及ぼす溶接条件の影響概念図

【問題7.3.6】

次の文は，溶接後，ビード不整が生じた原因について述べたものである。最も不適当なものを1つ選び，その番号に○印をつけなさい。
(1) 溶接ワイヤの矯正がうまくできていないので，溶接ワイヤの突出方向が不安定になっていた。
(2) ノズルの内面にスパッタが多量に付着して，シールドが悪くなっていた。
(3) 溶接前のセンシングの時に，誤ってルート間隔を狭く検出した。
(4) 溶接電流が設定値と実勢値でずれが生じていた。

解答　(3)

解説

ビード不整とは，溶接ビードの幅が不揃いであったり，余盛が過大であったり，ビードが蛇行して溶接線からずれている状態のことを指します。

ビード不整の原因として，①溶接条件，②シールドガス，③溶接ワイヤの送給性が挙げられます。

溶接ワイヤの突出方向が不安定な場合，溶接アークの位置や溶融池への供給が一定でなくなり，これにより，ビードの形成が不均一になり，ビード不整が生じる可能性があります。

シールドガスの供給が不足して，溶融池が不安定となり，ビード不整が生じる可能性があります。

ギャップセンシングは，ワイヤタッチセンサでルート間隔を計測し，溶接が開始されると計測したルート間隔に応じて，溶接速度とウィービング（幅と回数）を適切に修正しており，良好な溶接品質を確保するために重要な機能であります。ギャップセンシングでルート間隔を狭く検出することは，断面欠損になっても，ビード不整の直接的な原因になることはありません。したがって，「溶接前のセンシングの時に，誤ってルート間隔を狭く検出した。」が最も不適当です。

溶接電流が適切に設定されていない場合，ビードの形成が不均一になることがあります。電流が低いと，ビードがうまく形成されずに溶融深さが不足する可能性があり。逆に電流が大きすぎると，ビードが広くなりすぎて不整なビードになることがあります。

【問題 7.3.7】

次の文は，ブローホールの発生原因について述べたものである。最も不適当なものを1つ選び，その番号に○印をつけなさい。
(1) ギャップセンシングの際，誤ってルート間隔を狭く検出した。
(2) オリフィス(バッフル)に多量のスパッタが付着していた。
(3) ノズルに多量のスパッタが付着していた。
(4) スパッタ付着防止剤が，開先内に液体のまま溜まっていた。

解答　(1)

解説

ブローホールとは，溶接金属内に侵入したガスが凝固時にも残存し，溶接金属中に閉じ込められて生じる球状の気孔のことです。

ブローホールは，シールド不良，母材開先面のさびや油分，めっきやプライマー，スパッタ付着防止剤などの表面付着物，溶接材料中の水分などが原因とされています。

ギャップセンシングの際，誤ってルート間隔を狭く検出することは，ブローホールの発生に直接関係がないため，「ギャップセンシングの際，誤ってルート間隔を狭く検出した。」が最も不適当です。

オリフィスやノズルにスパッタが多量に付着しているとシールドガスが安定的に供給されずブローホールの発生原因となり得ます。

スパッタ付着防止剤が開先内に溜まっていると，ブローホールの発生の原因となり得ます。

【問題 7.3.8】

次の文は，溶接中にピットが発生した原因について述べたものである。最も不適当なものを1つ選び，その番号に○印をつけなさい。
(1) 溶接ロボットの近くにある窓が開いており，強い風が吹き込んでいた。
(2) ノズルの中に多量のスパッタが付着していた。
(3) 開先内の組立て溶接を低水素系被覆アーク溶接で実施されていた。
(4) 水冷トーチの冷却水が漏れていた。

解答　(3)

解説

ピットとは，溶接金属中に発生したガスが，溶接金属の表面に浮かび上がるときにつくる溶接金属表面に開口した気孔のことです。

ブローホールとピットの違いは溶接金属の内部に留まっているか表面に現れたかの違いだけです。

	状態	発生原因
ブローホール	溶接金属内の気孔	シールド不良，母材開先面のさびや油分や水分，めっきやプライマー，スパッタ付着防止剤等の表面付着物，溶接材料中の水分など
ピット	溶接金属表面の気孔	

ピットの発生の要因の1つとして，ガスシールド効果の不良が挙げられます。

窓が開いており，強い風が吹き込んでいること，ノズルの中にスパッタが付着していることにより，シールドガスの流れが阻害されて，ピットの発生の要因になります。(一社)日本建築学会編　鉄骨工事技術指針・工場製作編において，風が強い環境での溶接は，アークが不安定になりブローホールなどの欠陥が生じやすいため，風養生を施して溶接を行う。ガスシールドアーク溶接の場合は，風速が2 m/sec以上では溶接を行ってはならない。ただし，防風設備の設置やガス流量の増加など適切な方法により対策を講じた場合は，この限りではない。

組立て溶接を低水素系被覆アーク溶接で行うことが直接，ピット発生要因にはならないため，「開先内の組立て溶接を低水素系被覆アーク溶接で実施されていた。」が最も不適当です。

冷却水の漏れによる開先近傍の水分の存在が原因でピットを発生させる可能性が考えられます。

【問題 7.3.9】

次の文は，ロボット溶接によって溶接の内部に発生する高温割れの防止対策について述べたものである。最も不適当なものを1つ選び，その番号に○印をつけなさい。

(1) 溶込み深さ(H)と溶接ビード幅(W)の比が(H／W)≧1.5になるように溶接する。
(2) ルート間隔が狭くならないように溶接する。
(3) 溶接断面は，ナゲット断面(扁平，幅広)を得るようにする。
(4) 溶接電流を低め，アーク電圧を高め，溶接速度を遅くなるように設定した。

解 答　(1)

解 説

高温割れとは狭い開先に溶込み深さの深い溶接を行った場合に，溶着金属の断面が梨形となりその中心部に発生する縦割れのことです。

高温割れを防止するためには，溶込み深さ／溶接ビード幅 (H/W) の値が1以下になると，割れが発生しにくくなると言われています。割れを防止するにはH/Wを小さくする，すなわち，扁平，幅広のナゲット断面を得るようにします。

H/Wの値を1.5以上にすることは，高温割れの防止対策となっていないため，最も不適当です。

高温割れは，狭い開先に発生する割れであるため，ルート間隔を広く溶接することは高温割れを防止するうえで，正しい対策です。

ビード幅を広く溶接にするためには，アーク電圧を高くし，溶接電流を低くし，かつ溶接速度を遅くすることは有効であるため，正しい対策です。

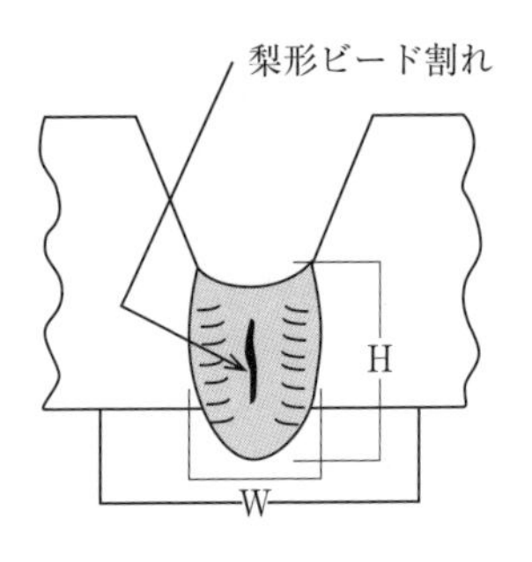

【問題 7.3.10】

次の文は，溶接で低温割れを防止する対策について述べたものである。最も不適当なものを1つ選び，その番号に○印をつけなさい。
(1) 鋼材や継手に適した予熱およびパス間温度を選ぶ。
(2) 冷却速度の速い溶接条件を選ぶ。
(3) 溶接入熱を大きくする。
(4) 開先部の湿気などを除く。

解答　(2)

解説

低温割れは200～300℃より下の温度，常温に近い温度で発生する溶接割れです。溶接熱で大気中や溶接材料中の水分が溶解して溶着金属中に水素が侵入します。溶接金属中に水素が侵入すると，水素ぜい化により割れが発生します。溶接直後には割れが生じていなくても，時間が経過して水素が拡散・集積して限界量に達すると割れが発生するため,「溶接遅れ割れ」と呼ばれることもあります。また，低温割れは材料内部で発生し，目に見える割れが表面に現れないことがあります。

低温割れを防止するために，溶接入熱を増加させることは一般的な対策の1つです。ただし，溶接入熱を増加させることは，必ずしも常に適切な対策とは限りません。過度な入熱は強度・じん性に悪影響を及ぼす可能性があるため，適切な入熱を選択することが重要です。

低温割れを防ぐために，冷却速度を速くすることは通常，有効な対策とは言えません。したがって,「冷却速度の速い溶接条件を選ぶ。」が最も不適当です。

低温割れのリスクを減少させるためには，冷却速度を遅くすることが推奨されております。低温割れは，材料内部に発生する応力によって引き起こされます。急激な冷却速度は，材料内部の応力を増大させ，その結果，割れの発生を高めます。低温割れには水素ぜい性も関連しており，冷却速度を遅くすることで，水素の逃げる時間を確保し，水素ぜい化のリスクを減少させる助けになります。

低温割れの主な発生要因は，水素によるものであるため，開先部の湿気などを除くことは非常に有効な手段です。

【問題 7.3.11】

次の文は，ロボット溶接によって角形鋼管と通しダイアフラム継手の溶接における溶込不良が発生する場合の防止対策について述べたものである。最も不適当なものを1つ選び，その番号に○印をつけなさい。

(1) 開先内の組立て溶接のビードの凹凸を少なくする。
(2) 開先内の組立て溶接の脚長を小さくする。
(3) ルート面を小さくする。
(4) 溶接中のスラグの清掃回数を多くする。

解答　(4)

解説

溶込不良とは,「設計溶込みに比べ実溶込みが不足していこと」と規定されています。

溶込不良の原因として，①入熱量の不足，②溶融金属の先行，③ワイヤ狙い位置やウィービングの不適正，④開先形状，積層方法の不適正，⑤アークが不安定，⑥前パスのビード形状不良などが挙げられます。

角形鋼管と通しダイアフラムの溶接では，角形鋼管が閉鎖断面であるため，開先側に組立て溶接を実施されることがほとんどです。

（一社）日本建築学会編　鉄骨工事技術指針・工場製作編によれば，角形鋼管と通しダイアフラムの開先面の組立て溶接の余盛高さは3㎜以下とし，溶接線方向に向かってビード幅や余盛高さは均一になるように注意すると記載があります。これらが均一でない場合，ロボット溶接では，センシング不良や溶接時の狙いずれが発生し，溶込不良が発生する可能性があります。組立て溶接は本溶接の一部と考え，組立て溶接を本溶接で再溶融させるため溶込みやビード形状を確保することが望ましいです。

溶込不良の対策として，開先形状を適正に保つことは重要です。ルート間隔過小，ルート面過大，開先角度の過小などを避けることは，溶込不良を防止するのに有効な方法です。

「溶接中のスラグの清掃回数を多くする。」は溶込不良の防止対策でなく，スラグ巻込みおよび融合不良の防止対策のため，不適当です。

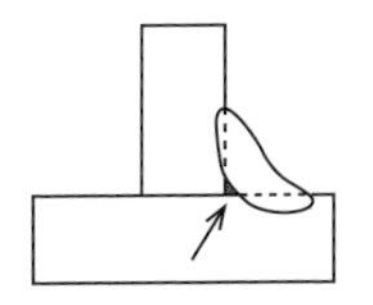
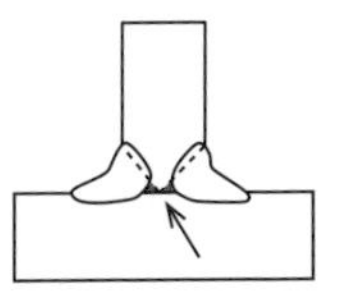
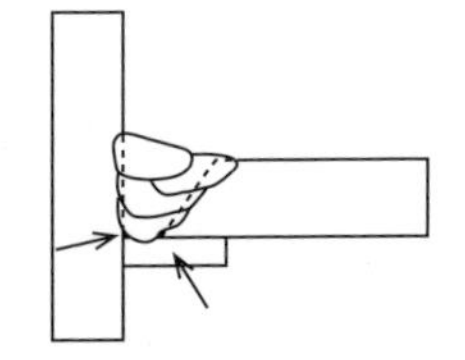

溶込不良の発生箇所（矢印部）

【問題 7.3.12】

次の文は，ロボット溶接によって溶接内部に融合不良が発生する場合の防止対策について述べたものである。最も不適当なものを1つ選び，その番号に○印をつけなさい。
(1) 開先面が汚れていないことを確認してから溶接する。
(2) 溶接中のスラグの清掃回数を多くする。
(3) 溶接ロボットの狙い位置が正しいかを確認する。
(4) 初層の溶込みが十分に可能かどうかについてルート間隔の大小を確認する。

解答　(4)

解説

融合不良とは，溶接ビード境界面が互いに十分溶け合っていない状態を示す溶接不完全部のことです。下図のように，母材と溶着金属，あるいは，溶着金属同士が部分的に溶け合わずにすき間が生じた状態です。

融合不良の原因として，①入熱量の不足，②前層もしくは前パスのビード形状の不良，③開先形状の不適正，④開先内の汚れ，⑤溶融金属の先行，⑥ワイヤ狙い位置やウィービングの不適正，⑦溶接中のスラグ除去不足，などが挙げられます。

「初層の溶込みが十分に可能かどうかについてルート間隔の大小を確認する。」は，初層部の溶込不良に対する防止対策の記述であり，不適当です。

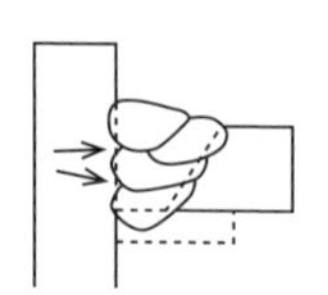
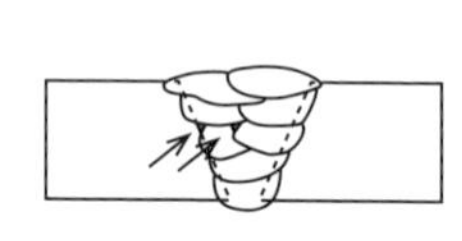
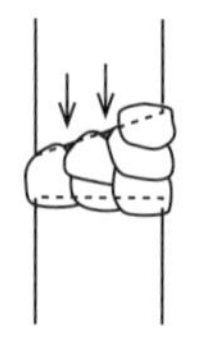

融合不良の発生箇所（矢印部）

7.4　溶接欠陥の補修方法

【問題 7.4.1】

次の文は，溶接部の補修方法について述べたものである。最も不適当なものを1つ選び，その番号に○印をつけなさい。

(1) 溶接で補修を行う場合は，ビード長さを極力短くすべきである。
(2) アンダカットは，はつってから溶接を行い，必要に応じてグラインダ仕上げを行う。
(3) ピットは，グラインダなどにより削除した後，溶接で補修する。
(4) 表面割れは，割れの範囲を確認した上で，その両端から50mm以上をはつりとって船底形の形状に仕上げ，補修溶接を行う。

解 答　（1）

【問題 7.4.2】

次の文は，溶接欠陥の補修方法について述べたものである。最も不適当なものを1つ選び，その番号に○印をつけなさい。

(1) 余盛不足があったので溶接を追加した。
(2) オーバラップがあったので，グラインダで削除して仕上げた。
(3) 割れが発見されたので，そのまま細径の低水素系被覆アーク溶接棒にて溶接で補修した。
(4) ピットがあったので，エアアークガウジングで削除してから，溶接で補修した。

解 答　（3）

解 説

溶接欠陥の補修方法として，グラインダ仕上げ，溶接を追加，はつってから溶接するなどがあります。補修溶接は溶接欠陥部を取り除いてから溶接することであり，溶接を追加するのみとは異なります。また，補修溶接は1パスだけでなく，2パス以上する必要がありますし，補修溶接などで溶接を追加する場合は，ショートビードは避け，適切な長さで溶接する必要があります。

溶接で補修を行う場合は，ショートビードとなるような溶接や，細径の溶接棒で小さなビードとなるような溶接で補修すると母材を硬化させ，かえって材質を劣化させることになりかねません。(一社)日本建築学会編　鉄骨工事技術指針・工場製作編では，40mm以上の溶接長さの補修溶接を行うことを推奨しています。なお，ビード長さを極力短くすることは，溶接部の補修方法として相応しくありません。

(一社)日本建築学会編　鉄骨工事技術指針・工場製作編に記載されている補修方法を次に示します。深さ1.0mm以下のアンダカットの補修方法は，グラインダで母材を削りすぎないようになめらかに仕上げます。深さ1.0mmを超えるアンダカットの補修方法は，グラインダなどでアンダカットを除去し整形した後，40mm以上の溶接長さの溶接を行い，必要に応じてグラインダで仕上げます。

ピットの補修方法の手順として，エアアークガウジングやグラインダなどを用いてピットを除去した後，補修溶接を行うのが望ましいとされています。

表面割れの補修方法として，割れ部分の除去は通常エアアークガウジングが用いられますが，その際，割れの位置，長さを浸透探傷試験または磁粉探傷試験などで確認し，割れの両端から50mm以上余分に除去します。除去された部分について割れが完全にないことを磁粉探傷試験などで再度確認した上で，補修溶接が適切に行えるように船底形に整えます。補修溶接は適切なパス間温度と予熱の管理の下で行い，各パスで割れの有無を目視で確認するとともに，完了後に超音波探傷試験などで補修溶接部を含むその近傍を検査して，割れが完全にないことを確認します。割れの除去を実施せず，そのまま溶接を追加するのみの補修は不適当です。

余盛不足は，不足部分に溶接を行い，適切な形状に修正します。

完全溶込み溶接部のオーバラップは，グラインダなどで除去し仕上げるか，または，エアアークガウジングで除去し補修溶接を行います。

【問題7.4.3】

次の文は，アンダカットが発生した場合の処置について述べたものである。最も不適当なものを1つ選び，その番号に○印をつけなさい。

(1) 深さ0.7mm，長さ10mmのアンダカットが発生したため，グラインダで滑らかな形状に仕上げた。
(2) 深さ1.2mm，長さ50mmのアンダカットが発生したため，グラインダで除去後，2パス以上の溶接を行ったのち，グラインダで仕上げた。
(3) 深さ1.2mm，長さ10mmのアンダカットが発生したため，グラインダで除去後，長さ20mmの溶接を行ったのち，グラインダで仕上げた。
(4) 深さが0.3mm，長さ50mmのアンダカットが発生したが，補修は行わなかった。

解答　(3)

解説

アンダカットが発生した場合の処置方法は，(一社)日本建築学会編　鉄骨工事技術指針・工場製作編によると，アンダカットの深さが1.0mm以下の場合，グラインダで母材を削りすぎないようになめらかに仕上げ，アンダカットの深さが1.0mm超える場合，グラインダなどでアンダカットを除去し整形した後，40mm以上の溶接長さの補修溶接を行い，必要に応じてグラインダで仕上げます。

また，平成12年建設省告示第1464号では,「深さが0.3mmを超えるアンダカットは存在してはならない。ただし，アンダカット部分の長さの総和が溶接部分全体の長さの10%以下であり，かつ，その断面が鋭角的でない場合にあっては，アンダカットの深さを1.0mm以下とすることができる。」とあります。

深さが1.0mm以下のアンダカットである場合，グラインダで滑らかな形状に仕上げることは，正しい処置方法です。

深さが1.0 mmを超えたアンダカットである場合，グラインダで除去後，2パス以上の溶接を行ったのち，グラインダで仕上げることは，正しい処置方法です。

アンダカットは，ショートビードとなるような溶接や，細径の溶接棒で小さなビードとなるような溶接で補修すると母材を硬化させ，かえって材質を劣化させることになりかねません。(一社) 日本建築学会編 鉄骨工事技術指針・工場製作編では，40mm以上の溶接長さの補修溶接を行うことを推奨しています。そのため，補修溶接の溶接長さが20mmであることは，溶接長さが短いため(ショートビードであるため)，最も不適当です。

深さ0.3mmを超えていないアンダカットの修正を行わなかったことは，正しい処置です。

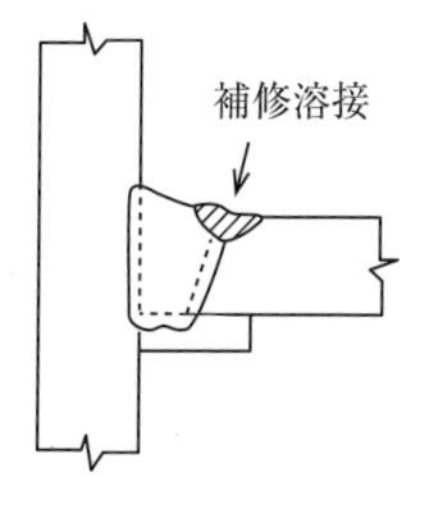

アンダカットの補修方法例

【問題 7.4.4】

次の文は，ピットが多数発生した場合の処置について述べたものである。最も不適当なものを1つ選び，その番号に○印をつけなさい。

(1) 浅いピットをグラインダで完全に除去して余盛高さを確保して，滑らかに仕上げた。
(2) ピットをショートビードで溶接後，グラインダなどにより仕上げた。
(3) グラインダを用いてピットを除去し，2パス以上の適切な溶接後，グラインダなどにより仕上げた。
(4) エアアークガウジングを用いてピットを除去した後，2パス以上の適切な溶接を行い，滑らかに仕上げた。

解 答　(2)

解 説

ピットの補修方法の手順として，エアアークガウジングやグラインダなどを用いてピットを完全に除去した後，補修溶接を行います。ただし，グラインダなどでピットを完全に除去して必要な余盛高さが確保できていれば，グラインダで整形して仕上げることもできます。

「ピットをショートビードで溶接後，グラインダなどにより仕上げた。」は，不完全部を取り除かずに溶接して，グラインダで仕上げており，不適当です。さらに，ショートビードでの補修溶接は母材の材質を劣化させる可能性があるため，不適当です。

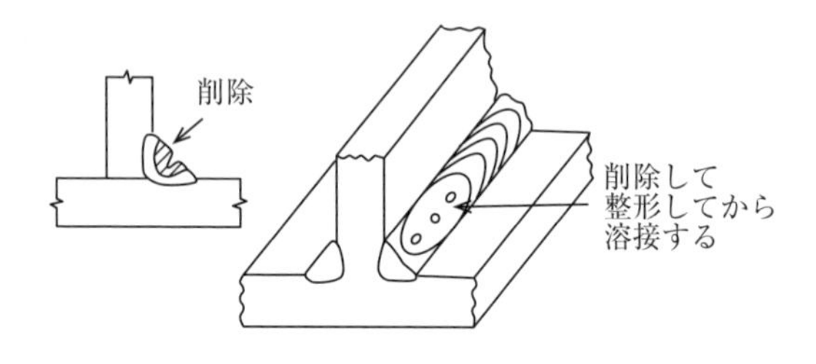

ピットの補修方法例

【問題 7.4.5】

次の文は，オーバラップが発生した場合の処置について述べたものである。最も不適当なものを1つ選び，その番号に○印をつけなさい。

(1) 深さ1mmのオーバラップが発生している箇所とその周辺を，グラインダなどで滑らかに仕上げた。

(2) 深さ2mmのオーバラップが発生している箇所とその周辺を溶接後，グラインダで仕上げた。

(3) 深さ2mmのオーバラップが発生している箇所とその周辺を，削り過ぎないように注意しながら，グラインダ仕上げを行った。

(4) 深さ3mmのオーバラップが発生している箇所とその周辺をエアアークガウジングで除去したのち，2パス以上の溶接で滑らかに仕上げた。

解 答　(2)

解 説

オーバラップの補修方法は，グラインダなどで削除し仕上げるか，または，エアアークガウジングで除去し補修溶接を行うことが推奨されています。そのため，溶接を追加する前に，オーバラップを除去する作業が実施されておらず，最も不適当です。

なお，オーバラップになっている部分は除去して整形された状態で，母材を痛めていないや余盛高さが確保されていれば，溶接を追加する必要はありません。

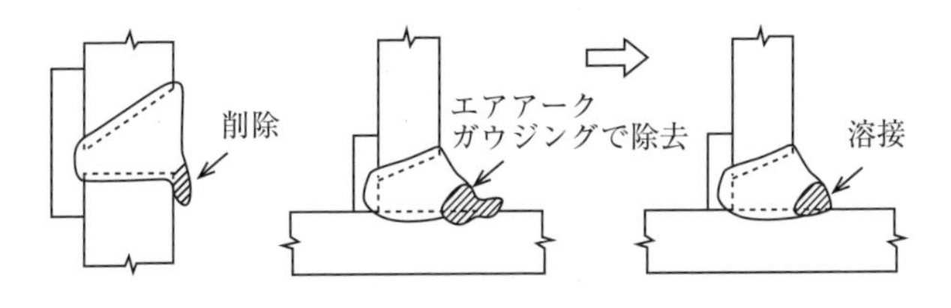

オーバラップの補修方法例

【問題 7.4.6】

次の文は，角形鋼管と通しダイアフラム継手の開先内の組立て溶接で，脚長が大きかった場合の処置について述べたものである。最も不適当なものを1つ選び，その番号に○印をつけなさい。
(1) 裏当て金の面から大きい脚長部分をグラインダなどで除去した。
(2) 開先内の組立て溶接のビード幅や脚長が均一になるように仕上げた。
(3) 溶接ロボットの初層部の溶接条件を修正し，裏当て金まで十分に溶込むように設定した。
(4) 開先内の裏当て金の組立て溶接の凹凸を除去し，溶接ロボットにより初層部が十分溶込むようにした。

解答　(3)

解説

角形鋼管と通しダイアフラムの開先面の組立て溶接の余盛高さは3mm以下とし，溶接線方向に向かってビード幅や脚長は均一になるように注意します。これらが均一でない場合，ロボット溶接では，センシング不良や溶接時の狙いずれの発生の原因となり得ます。

開先内の組立て溶接の不良はグラインダ仕上げなどの処理にて対応することが望ましいです。また，ロボット溶接は型式認証範囲内で使用することで，適切な溶接が可能となります。したがって，オペレータはプログラム(溶接条件)を安易に修正してはなりません。

【問題 7.4.7】

次の文は，クレータ割れついて述べたものである。最も不適当なものを1つ選び，その番号に○印をつけなさい。
(1) クレータ部を含む近傍をガウジングではつりとり，溶接後，グラインダで仕上げる。
(2) クレータ部をチッピングハンマで修正し，溶接する。
(3) クレータ部をグラインダで除去し，クレータ部を含む溶接長さが短くならないように溶接する。
(4) クレータ部をグラインダで除去し，クレータ部近傍を +50℃予熱し溶接後，グラインダで仕上げる。

解答　(2)

解説

クレータ割れの対処方法として，割れの範囲を確認し，その両端から50mm以上はつりとって，割れが完全にないことを確認して，舟底形に仕上げた後，補修溶接することが推奨されています。「クレータ部をチッピングハンマで修正し，溶接する。」は，はつりの作業を実施せず溶接を実施しており，クレータ割れ部分を十分に除去できていませんので不適当です。

解答・解説 8

建築鉄骨ロボット溶接における安全作業

【問題 8.1】

次の文は，溶接ロボットの運用や取扱い作業について述べたものである。最も不適当なものを1つ選び，その番号に○印をつけなさい。
(1) 産業用ロボットとの接触により労働者に危険が生ずるおそれのあるときは，再生運転中に動作範囲内に入ることが出来ないようにさく又は囲いを設けるなどの対策を講じる。
(2) ロボットの稼働状況が分かるようにするための看板表示や表示灯などがあれば，安全柵の設置は必要ない。
(3) 溶接ワイヤや消耗品の交換，溶接トラブルなどで安全柵内に入るとき，出入口扉を開けると溶接ロボットが停止するように，扉にインターロック機能などを設ける。
(4) 溶接スパッタによる火災防止のため，溶接ロボットの近くに可燃物質を置かない。

解答　(2)

【問題 8.2】

次の文は，安全柵について述べたものである。最も不適当なものを1つ選び，その番号に○印をつけなさい。
(1) 産業用ロボットとの接触により労働者に危険が生ずるおそれのある場合でも，安全教育を徹底すれば安全柵は必要ない。
(2) 安全柵とロボットの動作範囲との間隔は，柵の形状で異なる。
(3) 安全柵の出入口扉を開けるとロボットが停止するように，扉にインターロック機能などを設ける。
(4) ロボットを再生起動させるための操作パネルは，安全柵の外側に置く必要がある。

解答　(1)

【問題 8.3】

次の文は，溶接ロボットの運用や取扱い作業について述べたものである。最も不適当なものを1つ選び，その番号に○印をつけなさい。
(1) 産業用ロボットを安全に使用するために，始業時には非常停止ボタンや安全柵のインターロックの作動確認，ロボットの動作確認，表示灯の点灯状況の確認などを行う。
(2) ロボット設置場所周囲にアーク光が漏れないように，遮光カーテンなどを設置する。
(3) ロボットの稼働状況が安全柵の外から容易に分かるように，看板による表示や警告灯などを設置する。
(4) 溶接ワイヤや消耗品の交換は短時間で作業できるため，特別な安全配慮はいらない。

解答　(4)

【問題8.4】

次の文は，安全柵について述べたものである。最も不適当なものを1つ選び，その番号に○印をつけなさい。

(1) 産業用ロボットとの接触により労働者に危険が生ずるおそれのある場合は，安全柵の設置が義務付けられている。

(2) 安全柵とロボットの動作範囲との間隔は，柵の形状・寸法で異なる。

(3) 安全柵の出入口扉を開けるとロボットが停止するように，扉にインターロック機能などを設ける。

(4) ロボットを再生起動させるための操作パネルは，安全柵の内側に置く必要がある。

解答　（4）

解説

産業用ロボットを使用する事業者は，ロボットとの接触により労働者に危険が生ずるおそれのあるとき，さく又は囲いを設けるなど，危険を防止するために必要な措置を講じなければならないことが，労働安全衛生規則にて規定されています。

柵の形状・寸法についてはJISでも規定されており，それにより必要な設置位置も異なります。

合わせて複数の作業者が関わる場合や部外者にも分かるように，ロボットの状況を看板や警告灯などで表示・周知することは安全にロボットを使う上で有効な手段となります。

また，安全柵内で作業する場合には，所用時間に関係なく，安全対策が必要です。安全扉を開いた状態でロックアウトするなど，行うことでより安全に柵内作業が行えます。

ロボットを再生起動させるための操作パネルは，柵外から起動できるように安全柵の外側に置く必要があります。

【問題 8.5】

次の文は，ロボット溶接オペレータの安全管理について述べたものである。最も不適当なものを1つ選び，その番号に○印をつけなさい。
(1) 安全はすべての作業に優先する。
(2) オペレータ自身の安全は二の次である。
(3) 周囲への配慮が必要である。
(4) 関係者の安全を図る必要がある。

解答　(2)

【問題 8.6】

次の文は，ロボット溶接オペレータの安全管理について述べたものである。最も不適当なものを1つ選び，その番号に○印をつけなさい。
(1) パス間温度管理で温度計測のため，溶接ロボットを停止し，インターロックが効いた状態で安全柵内に入った。
(2) 溶接ロボットが一時停止したのでそのまま安全柵内に入った。
(3) 溶接速度計測のための溶接時間測定は，安全柵に入らずに行った。
(4) 溶接ロボット再生運転中に部外者が安全柵内に入ろうとしたので注意した。

解答　(2)

解 説

安全はすべてに優先するものであり，オペレータや周囲の方を含め優先順位はありません。万が一，事故が生じれば，被害者，加害者，その家族や企業の存続にも関わるものであり，安全は絶対に遵守しなければなりません。

産業用ロボットに関わる重大事故の多くはトラブル対応で安全柵内に入った際に発生しています。必ず，ロボットシステムが動かないようにインターロックなどの安全対策を施した後，柵内に入ることが大切です。

【問題 8.7】

次の文は，産業用ロボットの関連法令の内容について述べたものである。最も不適当なものを1つ選び，その番号に○印をつけなさい。

(1) 産業用ロボットを使用する事業者は，ロボットとの接触により労働者に危険が生ずるおそれのあるとき，さく又は囲いを設けるなどの危険を防止するために必要な措置を講じなければならない。

(2) リスクアセスメントに基づく措置を実施し，ロボットと接触しても労働者に危険の生ずるおそれがなくなったと評価できる場合は，さく又は囲いなどは必ずしも設置しなくてもよい。

(3) ロボットを操作した経験があれば，労働安全衛生規則に定められた特別な教育を受講する必要はない。

(4) 産業用ロボットの教示などの業務に係る特別教育では，学科教育と実技教育が義務付けられている。

解答　(3)

【問題 8.8】

次の文は，産業用ロボットの関連法令の内容について述べたものである。最も不適当なものを1つ選び，その番号に○印をつけなさい。

(1) 産業用ロボットを使用する事業者は，ロボットとの接触により労働者に危険が生ずるおそれのあるとき，さく又は囲いを設けるなどの危険を防止するために必要な措置を講じなければならない。

(2) リスクアセスメントに基づく措置を実施し，ロボットと接触しても労働者に危険の生ずるおそれがなくなったと評価できる場合は，さく又は囲いなどは必ずしも設置しなくてもよい。

(3) ロボットを操作した経験があっても，労働安全衛生規則に定められた特別な教育を受講する必要がある。

(4) 産業用ロボットの教示などの業務に係る特別教育では，学科教育と実技教育，口述試験が義務付けられている。

解答　(4)

解説

産業用ロボットの教示や検査に係る業務は労働安全衛生規則第36条にて特別教育を必要とする業務に定められており，労働安全衛生特別教育規程に則って所定の学科教育および実技教育を受講する必要があります。

産業用ロボットの教示などの業務に係る特別教育では，学科教育と実技教育が義務付けられていますが，口述試験は実施されていません。

索　引

【は】

【ひ】

【ふ】

【へ】

【ほ】

【ま】

【め】

【ゆ】

【よ】

建築鉄骨ロボット溶接オペレータ 技術検定試験 受験の手引

2024 年 4 月 20 日　初版第 1 刷発行

編　　　者　一般社団法人 日本溶接協会
　　　　　　「建築鉄骨ロボット溶接入門」編集委員会
発 行 者　久木田　裕
発 行 所　産報出版株式会社
　　　　　　〒 101-0025　東京都千代田区神田佐久間町 1-11
　　　　　　TEL03-3258-6411　　FAX03-3258-6430
　　　　　　ホームページ　https://www.sanpo-pub.co.jp/
印刷・製本　壮光舎印刷株式会社

ISBN978-4-88318-069-1　C3057